U0179936

高强高导 Cu-Cr-Ti 合金强化与加工软化

汪 航 张建波 著

北 京

冶 金 工 业 出 版 社

2023

内 容 提 要

  高强高导铜合金由于具有高强度、高导电率及优良的耐腐蚀性能被广泛应用于引线框架、铁路接触线及电接触材料等领域。本书针对重要的一类高强高导铜铬系合金，围绕微合金化元素钛对其微观组织及性能的影响开展论述。全书从铜铬钛合金时效行为、强化机制、高温软化性能、加工软化行为等角度，全面分析了铜铬钛合金在熔炼、铸造、加工、时效、服役过程中的微观结构和性能演化规律。

  本书可供从事铜铬系合金研究和生产技术人员阅读，也可作为高等院校冶金材料专业师生的参考书。

图书在版编目(CIP)数据

  高强高导 Cu-Cr-Ti 合金强化与加工软化/汪航，张建波著. —北京：冶金工业出版社，2022.11（2023.12 重印）
  ISBN 978-7-5024-9129-1

  Ⅰ.①高… Ⅱ.①汪… ②张… Ⅲ.①铜合金—金属加工
Ⅳ.①TG146.1

  中国版本图书馆 CIP 数据核字（2022）第 188487 号

高强高导 Cu-Cr-Ti 合金强化与加工软化

出版发行	冶金工业出版社	**电　话**	(010)64027926
地　址	北京市东城区嵩祝院北巷 39 号	**邮　编**	100009
网　址	www.mip1953.com	**电子信箱**	service@ mip1953.com

责任编辑 郭雅欣 美术编辑 彭子赫 版式设计 郑小利
责任校对 窦　唯 责任印制 窦　唯
北京建宏印刷有限公司印刷
2022 年 11 月第 1 版，2023 年 12 月第 2 次印刷
880mm×1230mm 1/32；4.25 印张；124 千字；127 页
定价 46.00 元

投稿电话 (010)64027932 投稿信箱 tougao@cnmip.com.cn
营销中心电话 (010)64044283
冶金工业出版社天猫旗舰店 yjgycbs.tmall.com
（本书如有印装质量问题，本社营销中心负责退换）

前　言

　　铜铬系合金属于典型的高强高导合金材料，具有较高的强度和良好的导电导热性能，冷热加工性能优良，广泛应用于铁路接触线、电极电阻焊、引线框架和结晶器内衬等领域。随着科技的发展，特别是电子器件的小型化、集成化、耐超高压、高速传输等趋势愈加明显，材料往往要在比过去更长的时间内、更高的温度下工作，这对高强高导铜铬系合金的开发提出了更高的要求。

　　纳米相的沉淀析出是铜铬系合金的主要强化方式，通过合金元素的加入影响过饱和溶质原子的析出过程，获得尺寸细小、分布均匀且与基体界面良好结合的沉淀相是提高该系合金综合性能的有效方法。欧洲、美国、日本等技术相对发达国家从 20 世纪 50~60 年代就开始了铜铬系合金的研究，在 Cu-Cr 二元合金的基础上先后开发了 Cu-Cr-Zr、Cu-Cr-Ti-Si、Cu-Cr-Zn、Cu-Cr-Mg、Cu-Cr-Te 等系列合金。我国在该领域虽起步较晚，但取得了长足进展。

　　本书是国家铜冶炼与加工工程技术研究中心与江西理工大学材料冶金化学学部多年研究的成果总结，系统地分析了 Cu-Cr-Ti 三元合金时效析出和硬化特征，阐明了 Ti 元素对纳米 Cr 相的作用效果和机理，揭示了 Cu-Cr-Ti 合金的高温软化机制，探明了 Cu-Cr 系合金的加工软化行为，建立了 Ti 元素微合金化 Cu-Cr 系合金成分-工艺-组织-性能之间的联系，为指导高性能铜铬系合金材料的成分设计和制备工艺优化提供了支持。

作者团队先后承担过国家"十三五"重大科技研发项目（2016YFB0301400）和江西省科技厅自然科学基金青年重点项目（20192ACBL21012），并获得江西省青年井冈学者奖励计划等资助。本书是作者团队多年研究成果的结晶，共分为6 章，第 1 章由汪航撰写，第 2 章由张建波、刘耀撰写，第 3~4 章由汪航、彭怀超撰写，第 5~6 章由汪航、袁继慧撰写，本书由汪航教授最后修改和定稿。江西理工大学材料科学与工程学院的汪志刚、陈辉明对本书提供了很好的建议，廖钰敏、龚清华、龚留奎、陈金水、袁大伟积极参与了相关工作，在此一并表示衷心感谢，同时特别感谢我们科研团队中曾经和现在的研究生对该书出版所作出的贡献。

由于作者水所限，书中不足之处，恳请广大读者批评指正。

作　者
2022 年 5 月

目　　录

1 概论 ……………………………………………………………… 1

1.1 高强高导铜合金 ……………………………………………… 1

1.2 Cu-Cr 系高强高导合金 ……………………………………… 1

1.3 第三组元对 Cu-Cr 合金性能的影响 ………………………… 3

1.4 高强高导铜合金的强化机制 ………………………………… 6

1.5 时效强化型合金高温软化性能 ……………………………… 8

1.6 合金加工软化 ………………………………………………… 11

参考文献 ………………………………………………………… 14

2 Cu-Cr-Ti 合金时效行为 ……………………………………… 20

2.1 Ti 元素对 Cu-Cr 合金性能的影响 ………………………… 21

2.2 Cu-Cr(Ti)合金时效析出动力学分析 ……………………… 25

2.3 Cu-Cr-Ti 合金组织分析 …………………………………… 30

参考文献 ………………………………………………………… 40

3 Cu-Cr-Ti 合金强化机制研究 ………………………………… 43

3.1 Ti 元素对 Cu-Cr-Ti 合金性能影响 ……………………… 43

3.2 Ti 元素对 Cu-Cr-Ti 合金微观组织的影响 ……………… 50

3.3 Cu-Cr-Ti 合金的强化机制 ……………………… 55

参考文献 ……………………………………… 63

4 Cu-Cr-Ti 合金高温软化性能 ………………… 65

4.1 Cu-Cr 和 Cu-Cr-Ti 合金的高温软化性能 ……… 66

4.2 Cu-Cr-Ti 合金软化过程组织演化 ……………… 69

4.3 析出相形貌对合金强度的影响机理 …………… 79

参考文献 ……………………………………… 82

5 Cu-Cr-Ti(Si)合金加工软化行为 …………… 83

5.1 Cu-Cr-Ti(Si)合金制备与测试表征 …………… 83

5.2 时效前 Cu-Cr-Ti(Si)合金的物理性能 ………… 87

5.3 时效对 Cu-Cr-Ti(Si)合金显微组织的影响 …… 89

5.4 冷变形对 Cu-Cr-Ti(Si)合金性能和组织的影响 … 92

5.5 Cu-Cr-Ti(Si)合金加工软化行为分析 ………… 104

参考文献 ……………………………………… 106

6 时效影响 Cu-Cr-Ti-Si 合金加工软化 ……… 108

6.1 Cu-Cr-Ti-Si 合金时效过程组织和性能演变 …… 108

6.2 Cu-Cr-Ti-Si 合金不同时效状态冷轧组织和性能演变 … 113

6.3 Cu-Cr-Ti-Si 合金不同时效状态加工软化行为分析 … 125

参考文献 ……………………………………… 127

1 概　　论

1.1　高强高导铜合金

高强高导铜合金由于具有高强度、高导电率及优良的耐腐蚀性能，被广泛应用于引线框架[1-6]、铁路接触线[7]及电接触材料[8]等领域。随着经济建设和科学技术发展，高强高导铜合金的性能需要进一步提升以满足日益增长的使用需求。

当前铜合金的主要发展方向是在保持高导电率的同时，通过微合金化、热处理及塑性变形等一系列手段来提高合金的综合性能，获得同时具有高强度、高导电和高导热性能的铜合金。常见的强化方法有细晶强化[9-11]、固溶强化[12-15]、第二相强化法[16-21]、形变原位复合法[22-23]等。近年来，开发的高强高导铜合金主要有 Cu-Fe[24-26]、Cu-Ag[27-28]、Cu-Ni-Si[29-31]合金等，Cu-Fe 合金成本较低但导电性能差，Cu-Ag 合金性能优良但是生产成本高，而 Cu-Cr 合金因为其优良的综合性能，成为近年来的研究热点。

1.2　Cu-Cr 系高强高导合金

Cr 含量（质量分数）为 0.3%～1.0%范围的 Cu-Cr 系二元合金被称为铬青铜，其在 400℃以下具有较高的强度和良好的导电导热性能，且冷热加工性能优良，同时还具有良好的焊接、切削与磨削性能。1990 年左右，由于集成电路引线框架材料的需求扩张，对电路材料要求是既要有高强度的同时也要具备高的电导率，高强高导 Cu-Cr 系合金成为其中的研究热门。

Cr 析出相是 Cu-Cr 合金时效强化的关键，关于 Cr 析出相的性质已经有了许多研究。Cr 析出相的形貌、晶体结构以及与基体的界面关系均会随着时效时间的延长而发生变化。Kinghts 等人[32] 提出在 Cu-0.15Cr 合金中，亚稳态 Cr 析出相的结构与 Cu 基体相同，均为面心立方（fcc）结构。在时效过程中，Cr 析出相的形态从球状向棒状转变，但 Cr 析出相的结构并未发生改变。Tang 等人[33] 研究了 Cu-0.65Cr-0.1Zr-0.03Mg 合金，发现在 400℃ 时效 200h 后的基体中出现了 G. P 区，其尺寸小于 5nm，析出相形态为球状；在 450℃ 时效后发现有细小的弥散物取代了 G. P 区，并且认为这些细小弥散物与合金的最大硬度有关；在 500℃ 下时效，析出物粗化长大并与基体界面失去共格性，合金的硬度也随之下降。

Cr 析出相随时效时间的延长而粗化、长大，其形态也会发生改变。Komem 等人[34] 发现 Cu-0.35Cr 合金在 600℃ 条件下时效 3h 后，微观组织中除了有球形的析出相外，同时还存在有短棒状甚至是板条状的析出相粒子，并认为这些棒状的 Cr 析出相晶体结构为体心立方（bcc）结构，与基体的界面为非共格关系。Peng 等人[35] 通过透射电子显微镜研究了 Cu-0.71Cr 合金时效过程中 Cr 析出相的相转变顺序为：过饱和固溶体→G. P. 区（面心立方结构富 Cr 相）→面心立方结构 Cr 相→有序面心立方结构 Cr 相—有序体心立方结构 Cr 相。这种 Cr 析出相结构的转变是通过与基体共格的球状 Cr 析出相的形核、长大，进而转变成为体心立方结构来完成的。在时效过程中，也发现了两种结构的 Cr 析出相共存的情况。Jin 等人[36] 研究了原位复合的 Cu-15Cr 合金时效析出相结构演变次序：Cu 固溶体→纳米级富 Cr 原子团簇→Cr 的 G. P 区→亚稳态 fcc 结构 Cr 相→非共格的 bcc 结构 Cr 相。

李强等人[37] 研究了不同 Cr 含量的 Cu-Cr 合金在时效早期阶段的析出相形貌和结构。使用高分辨透射电镜观察，发现在时效前期阶段有两种长周期调制结构，调制结构 I 为尺寸在 15nm 左右的 Cr 富集区，是一个沿三个 [111] 晶向，周期为 7~9 的三维无公度调制结构；调制结构 II 是典型的 DO3 型超结构，与基体具有 N-W 晶体学位向关系，通过能谱发现调制结构 II 不是共格的 bcc 铬相，其成分组成 Cu:Cr 接近于 1:4，析出相形态为椭球状或棒状且与基体完全脱离共格界面关系，棒状析出相尺寸为宽 5nm，长 25nm 左右。时效析出顺序为：面心立方 Cu 基固溶体（无序结构）→面心立方演化的调制结构Ⅰ→调制结构Ⅱ（DO3 结构）→体心立方 Cr 单质析出相。过饱和的 Cu-Cr 合金的时效析出机制是以两亚稳结构为过渡相逐渐转变的，并未发现共格的面心立方 Cr 相或共格的体心立方 Cr 相。

Zhang 等人[38]研究了 Cu-Cr-Ti 合金，发现在 400℃条件下时效处理 8h 后，基体中同时存在有方形和球状两种形态的 Cr 析出相粒子。计算析出相和基体界面的错配度后发现，球状 Cr 粒子与基体间错配度为 3.86%，界面关系为共格；方形粒子与基体间错配度为 14.8%，界面关系为半共格。

综上所述，Cu-Cr 合金在时效初期，Cr 相为亚稳态的面心立方结构粒子，与 Cu 基体保持共格界面关系；随时效时间的延长，Cr 相粗化长大，晶体结构转变为稳定的体心立方结构，并与基体失去了共格关系，界面为半共格或非共格界面，对合金的强化效果减弱。

1.3　第三组元对 Cu-Cr 合金性能的影响

在 Cu-Cr 合金中加入第三组元，对合金的组织性能有重要的影响。弥散、细小的 Cr 析出相是 Cu-Cr 合金时效强化的关键。在加入 Ag、Mg、In、Fe、Nb、Zr、Ti 等元素后，Cu-Cr 合金的高温软化温度及合金硬度均有所提升，但不同元素对合金的强化作用机理不同。加入的第三组元元素可以通过自身的固溶强化效果，以及与 Cu 形成新的强化相或是和 Cr 原子产生交互作用来达到强化效果，加入第三组元使得合金的强化机制更加复杂。

在 Cu-Cr-Ag 合金中，Xu 等人[39]发现由于 Ag 和 Cu 具有相似的电子结构和晶体结构，在高含量的 Cr 的 Cu-Cr 合金中，Ag 的添加可以优化枝晶，减小枝晶间距，从而提高合金的强度和塑性。加入的 Ag 元素固溶在基体中且分布均匀，产生了晶格畸变，可以有效地阻碍位错的移动，同时还有很强的固溶强化效果。基体中的 Ag 原子阻碍了 Cr 原子的扩散，在一定程度上抑制了 Cr 析出相的形核、长大。加入 Ag 元素后，发现基体中的部分析出相以链条状分布，细小的 Cr

析出相使 Cu-Cr 合金在高温下仍然具有良好的抗软化性能。Cu-Cr-Ag 合金在 1000℃ 固溶处理 60min，随后冷轧，变形量为 95%，最后在 400℃ 条件下时效 90min，合金显示出了良好的综合性能，拉伸强度为 541.5MPa，电导率（IACS）为 83.2 %。

Mg 元素也具有提升 Cu-Cr 合金软化温度的作用，Zhao 等人[40]研究了在 Cu-Cr-Mg 合金中，Mg 元素的加入可以在合金时效的初始阶段加速析出相的形核，并在位错周围形成类似于 Cottrell 气团的富 Mg 原子区域，对位错的运动有阻碍作用。80%冷轧变形后的 Cu-Cr-Mg 合金在 480℃ 条件下时效，析出顺序为：G. P. 区→共格 fcc 结构 Cr 相→亚稳态 Heusler 相→bcc 结构 Cr 相。除此之外，由于 Mg 既不与 Cr 发生反应又不溶于 Cr，且 Mg 在 Cu 中的溶解度要高于在 Cr 中，在时效过程中，Mg 原子会很快从亚稳态析出相中扩散出来，偏聚在析出相和基体的相界面处，降低了界面的弹性错配能，消除了畸变能从而降低了析出相长大、粗化的驱动力，同时也对晶粒的再结晶有抑制作用，从而提高了合金的再结晶温度。此外，Mg 元素自身对合金也有很强的固溶强化作用，合金在峰时效状态下的强度为 540MPa，时效 4h 后的过时效状态下，强度仍能维持在 515MPa，电导率也有略微提升。In 元素和 Mg 元素在 Cu-Cr 合金中有相似的作用，张小平[41]发现 In 元素的添加提高了合金的高温软化温度，影响因素主要体现在两个方面：一是析出相粒子阻碍再结晶晶粒形核、长大，提高了合金的再结晶温度；二是 In 原子与位错及晶界存在交互作用，溶质原子在位错和晶界处偏聚，阻碍位错的运动和晶界的迁移，提高了合金的软化温度。In 含量在较低水平时，随着 In 含量的升高，Cu-Cr-In 合金的软化温度得到提高，但超过一定含量后，In 的添加对合金的性能不利。

Fe 元素的加入虽然可以提升 Cu-Cr 合金的高温软化温度，但是同样存在十分明显的缺陷。Fernee[42]研究发现固溶处理后的 Fe 原子在 Cu 基体内均匀分布，并且有较大的溶解度，固溶在基体的 Fe 原子使基体产生晶格畸变，导致合金的导电率下降。冷加工态的 Cu-Cr-Fe 合金具有较高的强度，富 Fe 析出相能在冷加工组织中提供稳定性，但在时效处理后，由于位错密度的下降和晶粒长大等因素导致合金强度下降，同时富 Fe 析出相对合金的强度贡献很小，不能抵消其他因素带来的软化,以至于 Cu-Cr-Fe 合金在时效的各个阶段,其硬度均低于相同 Cr 含量的 Cu-Cr 合金。

Nb 元素与 Mg 元素和 In 元素的作用相似,Guo 等人[43]通过三维原子探针技术发现 Nb 元素出现在 Cu-0.47Cr-0.16Nb 合金中 Cr 析出相的表面和内部,促进了 Cr 相粒子的析出并阻碍其粗化;在时效过程中,富 Nb 相和 Cr_2Nb 相不随着时效时间延长而发生粗化,所以能够有效地固定亚晶粒边界,这使得 Cu-Cr-Nb 合金在时效过程中难以发生再结晶并且提高了热稳定性。同时,在时效过程中合金的电导率也得到了提升。

由于 Cu-Cr-Zr 合金具有高强度和优良的导电性而被广泛应用,在加入 Zr 元素后,Cu-Cr-Zr 合金在时效过程中可能形成 Cr 析出相、Cu_3Zr 和 Cu_5Zr 金属间化合物,对合金产生强化作用的同时也提升了导电率。在固溶时效处理过程中,合金在 400℃开始产生纳米级的富 Cr 原子团簇,500℃时可以观察到纳米级的 Cr 析出相[44]。在初始状态,这些 Cr 析出相与 Cu 基体共格,晶体结构为 fcc 面心立方。随着时效时间的延长,Cr 析出相的形态从球状何棒状转变,与基体的共格关系消失[45]。利用原子探针技术发现,在时效过程中 Zr 原子聚集在 Cr 析出相的周围,阻碍了 Cr 粒子在时效过程中的长大、粗化,合金的软化温度得到提高。Chenna 等人[46]研究了 Cu-0.5Cr-0.03Zr-0.04Ti 合金的组织和性能。合金加工工序为:热轧→固溶→冷轧(85%变形量)→时效,分别对固溶态、冷轧态和时效态的组织和性能进行分析。冷轧后的试样在 450℃时效 1h 时达到峰值,电导率随时效时间的延长一直上升,稳定在 69%IACS。拉伸试验中,420℃时效处理的试样测得最大抗拉强度为 504MPa,屈服强度为 460MPa,试样时效处理后的延伸率也远高于冷轧态。采用透射电子显微镜观察在320℃、420℃和 500℃下时效的试样,发现在 320℃时效的试样位错密度最高,发生了部分回复。而随着时效温度的升高,试样的位错密度逐渐下降。三种温度下的析出相平均尺寸分别为 3.6nm、4.5nm 和5.5nm。细小的 Cr 析出相阻碍了位错的运动,保持了晶粒内的高位错密度。最终结果表明,420℃时效 1h 后的合金综合性能最好,合金的高强度主要是由于细小的晶粒产生的晶界强化,高位错密度和弥散分布的纳米级析出相的强化效果。

　　Wang 等人[47]对 Cu-Cr-Zr-Ti 合金的 Cr 析出相进行了研究。通过三维原子探针发现试样在时效过程中，Ti 原子向 Cr 析出相的中心偏聚，而 Zr 原子偏聚在 Cr 粒子和基体的界面上。此外，时效过程中 Cr 析出相保持着与基体共格的 fcc 晶体结构。通过热力学计算，Ti 原子在 Cu 基体中的扩散速度远大于 Cr 原子。而 Ti 原子会促进 fcc 的 Cr 析出相长大，导致析出相周围的溶质过饱和度降低，形成溶质贫化区，不能进一步提供 Cr 析出相长大的过饱和度，所以 Cr 粒子从 fcc 向 bcc 的晶体结构转变受到抑制。Wang 等人[48]研究了 Ti 元素对 Cu-Cr 合金显微组织的影响。研究发现，在添加了 Ti 后，显微组织中的 Cr 析出相在退火过程中不会快速长大，同时加入的 Ti 元素促进了 Cr 相的析出，导致合金的电导率增加。通过热力学计算，Ti 的加入增大了液固相转变的临界过冷度，使得合金临界形核半径减小，形核率增加，晶粒得以细化，合金强度得到提高。Zhang 等人[49]研究了 Cu-Cr 和 Cu-Cr-Ti 合金，发现在时效处理后，基体中析出了球形的 Cr 相，大量的 Ti 原子富集在析出相周围。添加了适量的 Ti 元素后，合金峰值硬度和抗软化温度均有提高。Cu-Cr-0.1Ti 合金在 450℃下时效 2h 后，抗拉强度和硬度 HV 分别达到 565MPa 和 185.9，这是加工硬化、固溶强化和析出强化共同作用的结果。

　　作为典型的析出强化合金，Cr 析出相对 Cu-Cr 系合金的强度有十分重要的影响。加入的第三组元通过影响析出相形态或在合金中与位错等产生交互作用来起到强化作用，如 Mg、Zr、Ag 等是通过第三组元的固溶强化效果、改变 Cr 相的分布情况或对 Cr 析出相的粗化起抑制作用来达到对 Cu-Cr 合金的强化。加入 Ti 元素后，Ti 元素不仅有固溶强化作用，而且会影响 Cr 析出相的形态。目前对 Cu-Cr-Ti 合金的研究主要集中在 Cu-Cr 二元合金的基础上，通过添加微量的 Ti 元素甚至第四组元和变形处理来提高合金的综合性能。

1.4　高强高导铜合金的强化机制

　　对于 Cu-Cr 合金来说，提高性能的方法一般有：

（1）在合金中加入第三组元，溶质原子通过固溶于基体中产生晶格畸变或是影响 Cr 析出相的形貌和尺寸来达到对合金的强化效果；

（2）对合金进行冷塑性变形，以获得高的位错密度和细小的晶粒，从而达到强化的目的；

（3）对变形后的合金做时效处理，通过基体中析出的 Cr 粒子对位错运动和晶界迁移的阻碍作用来起到强化作用。

目前，铜合金中的强化方式通常使用以下一种或多种强化机制。

1.4.1 固溶强化

固溶强化是通过把合金加热到高温单相区，使添加的低溶解度合金元素溶入基体中获得饱和或过饱和的固溶体。固溶强化是一种点缺陷强化，溶质原子溶入基体中，由于原子大小不同而导致晶格畸变，所产生的应力场和位错的弹性应力场相互作用，使得位错运动的阻力增加，合金得到强化。溶质原子尺寸与基体原子尺寸相差越大，强化的效果越明显。但是合金中固溶体产生的晶格畸变增大了对电子的散射程度，降低了其导电性能。固溶强化虽然可以一定程度上提高合金的强度，但在高温条件下其强化效果会减弱，单独使用时强化效果不明显，一般和时效处理一同使用来得到更好的强化效果。

1.4.2 形变强化

形变强化是通过对合金冷塑性变形使材料内部产生高密度的位错组织和破碎、细小的晶粒。大量的位错相互缠结，形成扭折和割阶，进一步阻碍位错的运动，形成位错塞积，使得合金的强度、硬度得到提高。但这种强化效果通常不能维持到高温，在高温条件下，合金发生再结晶行为时，形变产生的强化效果将全部消失。

1.4.3 晶界强化

多晶体在受力变形过程中，位错被晶界阻碍并塞积在晶界表面，从而使其在晶粒内的滑移由易变难。晶界处的位错塞积顶部会产生应力集中，位错塞积群可以和外加应力发生作用。只有当应力足够大时，滑移带才能够从一个晶粒向另一个晶粒运动。合金的晶粒尺寸越细小，单位体积内的晶界面积越大，对位错运动的阻碍效果越好，合金的强度越高。细化 Cu-Cr 合金晶粒一般可以在浇铸时加入合适的细化剂如 Mg 或 Re，并且对电导率的影响很小，对合金进行轧制、拉拔、高压扭转、连续挤压等塑性变形加工都能使合金晶粒细化。

1.4.4   时效强化

时效强化又称析出强化，其基本原理是达到过饱和固溶度的合金在低温条件下保温，基体中的固溶原子逐渐析出形成弥散分布的第二相粒子。这些分布在基体或晶界的粒子可以有效地阻碍晶界和位错的运动，从而达到合金强化的效果。基体中的固溶原子析出后，溶质原子对电子的散射作用减小，因此时效后的合金电导率有所提升。

Cr 元素在 Cu 基体中的最大溶解度为 0.77%（质量分数），熔炼时通过加入超过溶解度的 Cr，再经过后续热处理得到在基体中弥散分布的 Cr 析出相。一般认为 Cu-Cr 合金的高强度是由细小的析出相造成的，其典型尺寸在 10nm 左右或更小[50]。Cr 粒子的析出过程通常伴随着与 Cu 基体间界面关系的转变。在时效初期，Cr 析出相的尺寸较小，且与基体为共格界面关系，其产生的强化效果主要为共格强化；随着时效时间的延长，Cr 相的尺寸逐渐增大，与基体的界面关系也开始转变为半共格或非共格，此时的强化效果主要来源于 Orowan 强化。

1.4.5   复合强化

复合强化是通过向铜合金基体中引入细小、均匀稳定的氧化物或无机颗粒，使其与基体协同作用来达到强化的效果。铜合金中的增强相按照形貌可以分为颗粒型和纤维型，常用的颗粒型增强相有 Al_2O_3、TiC、SiC、AlN 等；纤维复合材料有着良好的导电率，目前主要有 Cu-Cr、Cu-Ag 和 Cu-Ta 等合金。铜基复合材料的制备方法主要有粉末冶金法、内氧化法、原位形变法等。

1.5   时效强化型合金高温软化性能

时效强化型合金基体中的析出相通过阻碍位错滑移和晶界移动来

达到强化合金的效果。在高温状态下，保持高密度的位错和阻碍合金的再结晶进程都是可以有效提升合金抗高温软化性能的方法。

合金基体中细小的析出相可以有效提升合金的抗高温软化性能。徐长征等人[51]研究了Cu-0.36Cr合金中析出相对再结晶和软化性能的影响。发现当基体中析出相粒子小于临界尺寸时，对位错和晶界有很强的阻碍作用，再结晶过程主要靠位错密度降低、细小析出相溶解及再析出和亚晶合并来达到，即为原位再结晶；当析出相大于析出相尺寸时，对晶界及位错的阻碍能力下降，合金发生不连续再结晶，并且析出相可能继续粗化，失去对晶界和位错的钉扎作用，导致合金软化。析出相尺寸与合金再结晶速度有关，析出相粗化后，晶界迁移速度加快，再结晶更容易进行且速度更快。Guo等人[43]研究了Cu-Cr-Nb合金。发现在时效过程中，纳米级的富Cr相从固溶体中析出，Cr_2Nb相和富Cr相的尺寸十分接近，这些位于晶界和亚晶界处的析出物能够有效地限制晶界的移动，从而在高温下保证了合金的高强度。Nb元素的添加促进了Cr在时效过程中从固溶体中的析出并且抑制其长大，从而提高了合金的强度、电导率及热稳定性。

合金在时效过程中，有良好热稳定性的析出相不易粗化、长大，对位错和晶界移动的抑制效果越好。Gao等人[52]研究发现Al-Cu合金中，多种析出相共稳定化能够提高铝基合金的高温性能。加入的微量合金其种类和含量都会对θ'-Al_2Cu和Al_3Sc析出相的稳定性有明显影响，从而影响到合金的高温软化性能。研究结果表明，相比于加入Sc和Sc-Si元素，Sc-Zr微合金化的Al-Cu合金中的双相析出相有着更好的热稳定性，从而提高了合金的热稳定性。通过透射电子显微镜发现：Sc-Si微合金化后合金高温软化性能的改善是由于θ'-Al_2Cu的延迟粗化和Al_3Sc加速生长的累积效应所致；原子探针发现Sc-Si和Sc-Zr对θ'-Al_2Cu相提高稳定性的机理是由于θ'-Al_2Cu与α-Al界面处多种溶质偏析，减小了界面自由能有关；Sc-Zr和Sc-Si微合金化引起Al_3Sc粗化动力学的抑制和加速分别归因于Si促进Sc的扩散和核-壳结构析出相的形成；Si元素含量过高会严重损害Al_3Sc颗粒的耐粗化性。

段修刚等人[53]研究了4种不同Ti含量的低碳Ti-Mo全铁素体基

体微合金钢中的析出相形貌、尺寸、类型和分布特征。采用透射电子显微镜发现大部分析出相粒子分布在位错上，并且由于位错在晶界处塞积，析出相在靠近晶界处数量较多，表现为不均匀分布。在基体中发现了两种形态的析出相，一种形态为球形，尺寸在 10nm 左右，主要在晶内析出；另一种形态为尺寸在 200~300nm 的大颗粒粒子，数量较少且形态呈方形，是在钢液凝固过程中形成的 TiN 粒子。从分布上看，一种为链状有规律的成排析出，可能是由于在位错运动时在位错上的连续析出所致，另一种是弥散分布在基体中。Mo 在 TiC 中的溶解度大于在基体中的溶解度，且 Mo 溶于 TiC 析出相中取代了部分晶格中的 Ti 原子，形成了球形复合析出相，在较低的温度下不易粗化，是合金具有良好高温性能的重要原因。金曼等人[54]研究了 Zr 元素的添加对 6082 铝合金高温软化性能的影响。在 250℃保温 2h 后，添加 Zr 元素后合金的硬度要明显高于未含 Zr 元素的合金。透射明场相显示加入 Zr 元素后，细小弥散的 Al_3Zr 粒子与基体的界面关系为共格界面，十分稳定，可以有效地阻碍位错的滑移以及晶界的运动，从而阻碍晶粒长大和保持基体内高密度的位错。同时，这些析出的 Al_3Zr 粒子具有良好的热稳定性，不易在时效过程中长大、粗化，合金的高温软化性能得到提高。

　　抑制合金时效过程中的动态回复和再结晶过程也是一种有效提升合金高温软化温度的方法。戚运莲[55]研究了 Ti600 合金的高温软化现象，发现在相变点以上的合金具有体心立方结构的 β 相，层错能高，拓展位错的宽度窄，位错的交滑移和攀移更加容易进行异号位错从而相互抵消，位错密度下降，畸变能降低，不易发生动态再结晶，易发生动态回复。变形后的微观组织观察到明显的位错墙和轴状亚晶，是典型的动态回复组织的特点。合金在相变点以下，其主要软化机制为晶界分离造成的片层组织球化，片层 α 受力后扭折、弯曲，β 相楔入 α/α 界面将片层 α 分成小片层，小片层等轴球化。球化后片层 α 的强化效果减弱，对位错的阻碍能力也有下降。Chen 等人[56]研究了不同 Zr 含量对 Al-Zn-Mg-Cu 合金静态软化行为的影响。发现合金的静态软化分数随 Zr 含量的增加而增加，Al_3Zr 弥散粒子钉扎位错，并在首次热变形过程中显著抑制了动态回复和再结晶，导致 Zr

含量较高的合金中储存的变形能更高。因此，随着 Zr 的添加量增加，在间隔保持期间的静态回复和再结晶有更多驱动力且增强了静态软化。

综上所述，合金在高温状态下的软化现象主要是由于发生了回复和再结晶。变形后的合金在高温条件下，位错受热滑移，同一滑移面上的异号位错相遇后相互抵消，位错密度下降；变形组织的基体上，由于位错的滑移和攀移，导致亚晶界的消失和亚晶的合并，产生了新的无畸变的晶核。此外，在析出强化型合金中，析出相的粗化、长大也是合金高温软化的重要原因，抑制析出相长大是提高合金高温性能的重要手段。因此，本书将梳理上述影响因素以探究分析 Cu-Cr 和 Cu-Cr-Ti 合金的软化机制。

1.6 合金加工软化

通常情况下，合金进行冷塑性变形时会发生加工硬化。然而，在许多合金中发现了和传统的加工硬化相反的现象，即加工软化，如 Al-Fe、Al-Si、Al-Mg 等铝合金[57-62]、Zn-Al 合金[63-67]、硅钢[68, 69]及 Cu-Al$_2$O$_3$复合材料[70, 71]等，且不同合金发生加工软化的机理不同。

1.6.1 铝合金

李凤珍等人[58]研究发现含 0.004%杂质量的纯 Al 在变形量为 80%时，硬度和抗拉强度开始下降，发生加工软化；而含 0.04%和 0.4%含量杂质的纯 Al 随轧板厚度的减小，硬度和抗拉强度不断升高；当向纯 Al 中加入 2%的 Fe 后，含 0.004%杂质量的 Al-Fe 合金在变形量达到 60%以上时出现加工软化现象；杂质量增加至 0.04%时，在轧制变形量至 90%以上出现加工软化；而杂质含量高达 0.4%的 Al-Fe 合金在轧制过程中没有出现加工软化。通过透射电镜观察合金变形后的组织，发现造成这种加工软化现象的原因是合金在变形过程中发生了多边化回复，一般来说基体中的杂质会阻碍合金发生回复。通过 EPMA 手段检测分析知，加入 Fe 后，合金中生成 FeAl$_3$第二相。其猜想新形成的第二相，能够吸收基体中的 Si、Cu 等杂质元素，实现基体净化,从而提高合金的层错能。由于合金的层错能高,导致位错不易分解,能够进行滑移和攀移,有利于合金在变形中发生多边化回复。

Liu 等人[62]也在 Al-20Zn 合金中发现加工软化的现象。固溶处理后的 Al-20Zn 合金在室温下经过 0. 19~12. 05 的等效应变轧制,硬度增加;当应变量达到 2. 92 后,合金硬度反而不断降低。分析变形态合金的显微组织发现,在塑性变形过程中,合金的平均晶粒尺寸不断减小,甚至达到纳米级;位错密度随变形程度增加而先增大后减小,富 Zn 相从过饱和固溶体中析出,在轧制过变形后期粗化。因此在轧制初期,由于位错引起的加工硬化、纳米沉淀和晶粒细化导致合金强度和硬度升高;而当应变大于 2. 92 时,过饱和固溶体溶解、析出相粗化及位错湮灭导致硬度降低比晶粒细化引起的晶界强化作用更为显著,使得合金硬度持续降低。

1. 6. 2　锌合金

Yang 等人[63]研究了 Zn-Al 合金的加工软化行为。发现在较大变形量下冷轧时,晶粒尺寸最终稳定在 0. 4μm,变形中的晶粒形貌由细长状转变为等轴状,其猜测原因可能是合金在变形中发生了动态回复或部分动态再结晶。通过背散射电子衍射仪观察变形合金的显微组织结构,发现在大变形量下冷轧时,合金组织中的大角度晶界所占比例增加,由此提出一种晶界合并堆积位错的模型,其指出晶界通过吸收位错,取向差增大,消耗了部分位错,导致位错密度降低,从而引起合金硬度下降。

此外,Yamamoto 等人[64, 65]报道亚共晶合金 Zn-(5~18) Al 合金和共晶 Zn-22Al 合金表现出的加工软化行为,他们认为发生这种现象可归因于密排立方结构的富 Zn 相中固溶的 Al 原子析出,造成合金的再结晶温度降低,在室温条件下进行塑性变形时,易发生回复和动态再结晶,导致合金软化。

1. 6. 3　硅钢

Li 等人[68]研究了 Fe-6. 5Si 合金的温变形行为。结果表明,合金经 30%压缩后，流动应力显著降低，同时显微硬度下降，合金表现加工软化行为。通过选区衍射分析知，随着轧制过程的进行，组织中有序相的特征衍射斑点变得越来越微弱，即合金有序度逐渐降低，最终得到无序合金。当合金发生较大程度的塑性变形时，组织内部会出现小的位错胞结构，并且最终这些位错胞结构演变成为亚晶粒。有序度的降低提高了位错的迁移率，可以促进位错的湮灭和重排，合金在变形中易发生回复，同时位错胞的形成伴随着位错密度的下降。因此，变形引起的无序和动态回复是 Fe-6.5Si 合金发生软化的原因。

1.6.4　铜基复合材料

　　Guo[70]也在 Cu-Al$_2$O$_3$复合材料中也发现了加工软化的现象。无氧铜进行冷轧塑性变形时，随着变形程度的增加，合金的硬度增加，但向无氧铜中添加 0.23%Al$_2$O$_3$（体积分数）粉末，变形量达到 80%后，合金的显微硬度开始下降，发生软化；当添加 0.54%Al$_2$O$_3$（体积分数）粉末，在 85%变形量下合金发生加工软化。通过透射电镜观察合金冷轧态的显微组织结构，发现变形初期，随着轧制过程的进行，位错密度增加；随着变形进一步增加，可以观察到合金组织中的位错密度降低，且存在较大尺寸的位错胞或细长带内形成较小的位错胞，即亚晶粒；最终这些较小的位错胞结构会彼此聚结，形成尺寸更大的位错胞。由此引入一个模型：Cu-Al$_2$O$_3$合金在冷塑性变形过程中，组织中的位错在运动过程中遇到 Al$_2$O$_3$颗粒，会在其周围形成位错环，当变形量很大时，这些小的位错单元彼此聚结形成更大的位错单元，位错胞的形成会导致合金组织中的位错密度下降，进而合金发生加工软化。由此可知，Cu-Al$_2$O$_3$合金发生在较大变形量下进行冷轧塑性变形时发生加工软化是位错密度降低导致的。

　　综上所述，有些合金在塑性变形中会发生加工软化，且不同合金发生加工软化的机理不同。通常情况下，合金在加工过程中发生回复和动态再结晶会导致合金发生软化，此外冷加工塑性变形诱导合金由有序变为无序也是引发合金软化的重要原因。尽管诸多合金加工软化的现象被发现，但却未有关于铜合金在冷加工中出现加工软化现象的报道，因此本节将以 Cu-Cr-Ti-Si 合金为研究对象，探究其发生加工软化的内在机理。

参 考 文 献

[1] Juan H S, Qi M D, Ping L, et al. Research on aging precipitation in a Cu-Cr-Zr-Mg alloy [J]. Materials Science and Engineering A, 2005, 392: 422-426.

[2] Zhang S, Li R. , Kang H, et al. A high strength and high electrical conductivity Cu-Cr-Zr alloy fabricated by cryorolling and intermediate aging treatment [J]. Materials Science & Engineering A, 2016, 680 (5): 108-114.

[3] Zhang Y, Volinsky A A, Hai T T, et al. Aging behavior and precipitates analysis of the Cu-Cr-Zr-Ce alloy [J]. Materials Science & Engineering A, 2016, 650: 248-253.

[4] Dobatkin S V, Gubicza J, Shangina D V, et al. High strength and good electrical conductivity in Cu-Cr alloys processed by severe plastic deformation [J]. Mater. Let, 2015, 153: 5-9.

[5] Zhang Y, Volinsky A A, Hai T T, et al. Effects of Ce Addition on High Temperature Deformation Behavior of Cu-Cr-Zr Alloys [J]. Journal of Materials Engineering & Performance, 2015, 24 (10): 1-6.

[6] Islamgaliev R K, Nesterov K M, Bourgon J, et al. Nanostructured Cu-Cr alloy with high strength and electrical conductivity [J]. Journal of Applied Physics, 2014, 115 (19): 422.

[7] Liu Q, Zhang X, Ge Y, Wang J. Effect of processing and heat treatment on behavior of Cu-Cr-Zr alloys to railway contract wire [J]. Metall Mater Trans A. 2006, 37 (11): 3233.

[8] Wang K, Liu K F, Zhang J B. Microstructure and properties of aging Cu-Cr-Zr alloy [J]. Rare Metals, 2014, 33 (2): 134-138.

[9] Zhilyaev A P, Shakhova I, Morozova A, et al. Grain refinement kinetics and strengthening mechanisms in Cu-0. 3Cr-0. 5Zr alloy subjected to intense plastic deformation [J]. Materials Science & Engineering A, 2016, 654: 131-142.

[10] 戴安伦, 刘景帅, 朱治愿, 等. 快速凝固 CuNiSiCrZn 合金的组织与性能 [J]. 有色金属工程, 2013, 3 (6): 19-21.

[11] Stobrawa J P, Rdzawski Z M, G. Uchowski W J. Dispersion and Precipitation Strengthened Nanocrystalline and Ultra Fine Grained Copper [J]. Journal of Nanoscience & Nanotechnology, 2012, 12 (12): 9102-9111.

[12] Suzuki M, Kimura T, Koike J, et al. Strengthening effect of Zn in heat resistant Mg-Y-Zn solid solution alloys [J]. Scripta Materialia, 2003, 48 (8): 997-1002.

[13] Freudenberger J, Lyubimova J, Gaganov A, et al. Non-destructive pulsed field CuAg-solenoids [J]. Mater. Sci. Eng. A, 2010, 527: 2004-2013.

[14] Sato H, Watanabe Y. Effects of SiO_2 Particles on Wear Behavior of Cu-SiO_2 Dispersion-Hardened Alloys [J]. Materials Science Forum, 2007, 561-565: 659-662.

[15] 徐铮铮. 热处理及冷变形对高强高导铜合金 Cu-Zn-Cr 性能的影响 [D]. 合肥: 合肥工业大学, 2007.

[16] Jena P K, Brocchi E A, Motta M S. In-situ formation of Cu-Al_2O_3 nano-scale composites by chemical routes and studies on their microstructures [J]. Materials Science & Engineering A, 2001, 313 (1-2): 180-186.

[17] Marques M T, Correia J B, Criado J M, et al. High-Temperature Stability of a Nanostructured Cu-Al_2O_3 Alloy [J]. Key Engineering Materials, 2002, 230-232: 652-655.

[18] Smallman R E, Nagn A H W. Physical Metallurgy and Advanced Materials Engineering, 7th ed [M]. Physical Metallurgy & Advanced Metarials, 2007, 395-397.

[19] Liu P, Kang B X, Gao X G, et al. Strengthening mechanisms in a rapidly solidified and aged Cu-Cr alloy [J]. Journal of Materials Science, 2000, 35: 1691-1694.

[20] David N S, Emmanuelle A M, David C D. Precipitation strengthening at ambient and elevated temperatures of heat-treatable Al (Sc) alloys [J]. Acta Materialia, 2002, 50: 4021-4035.

[21] Cheng H, Wang H Y, Xie T C, et al. Controllable fabrication of a carbide-containing FeCoCrNiMn high-entropy alloy: microstructure and mechanical properties [J]. Mater. Sci. Technol, 2017, 33: 2032-2039.

[22] Chung J H, Song J S, Hong S I. Bundling and drawing processing of Cu-Nb microcomposites with various Nb contents [J]. Journal of Materials Processing Technology, 2001, 113: 604-609.

[23] He J, Zhao J Z, Ratke L. Solidification microstructure and dynamics of metastable phase transformation in undercooled liquid Cu-Fe alloys [J]. Acta Materialia, 2006, 54 (7): 1749-1757.

[24] Wang Y F, Gao H Y, Wang J, et al. First-principles calculations of Ag addition on the diffusion mechanisms of Cu-Fe alloys [J]. Solid State Communications, 2014, 183: 60-63.

[25] Xie Z X, Gao H Y, Lu Q, et al. Effect of Ag addition on the as-cast microstructure of Cu-8 wt. % Fe in situ composites [J]. Journal of alloys and compounds, 2010, 508: 320-323.

[26] Guo M, Wang F, Yi L. The microstructure controlling and deformation behaviors of Cu-Fe-C alloy prepared by rapid solidification [J]. Materials Science and Engineering: A, 2016, 657: 197-209.

[27] 张雷, 孟亮. 纤维相强化 Cu-12%Ag 合金的组织和力学性能 [J]. 中国有色金属学报, 2005, 15 (5): 751-756.

[28] Benghalem A, Morris D G. Microstructure and strength of wire drawn Cu-Ag filamentary composites [J]. Acta Materialia, 1997, 45 (1): 397-406.

[29] Zhang Y, Tian B, Volinsky A A, et al. Microstructure and Precipitate's Characterization of the Cu-Ni-Si-P Alloy [J]. Journal of Materials Engineering & Performance, 2016, 25 (4): 1336-1341.

[30] Han S Z, Gu J H, Lee J H, et al. Effect of V addition on hardness and electrical conductivity in Cu-Ni-Si alloys [J]. Metals & Materials International, 2013, 19 (4): 637-641.

[31] Lockyer S A, Noble F W. Precipitate structure in a Cu-Ni-Si alloy [J]. Journal of Materials science, 1994, 29 (1): 218-226.

[32] Knights R W, Wilkes P. Precipitation of chromium in copper and copper-nickel base alloys [J]. Metall. Trans, 1973 (4): 2389-2393.

[33] Tang N Y, Taplin D M R, Dunlop G L. Precipitation and aging in high-conductivity Cu-Cr alloys with additions of zirconium and magnesium [J]. Metal science Journal, 2013, 1 (4): 270-275.

[34] Komen Y, Rezrk J. Precipitation at coherency loss in Cu-0. 35 wt pct Cr [J]. Metall. Trans. A, 1975 (6): 549-551.

[35] Peng L J, Xie H F, Huang G J, et al. The phase transformation and strengthening of a Cu-0. 71wt Cr alloy [J]. J. Alloy. Comp, 2017 (708): 1096-1102.

[36] Jin Y, Adachi K, Takeuchi T, et al. Correlation between the electrical cinductivity and aging treatment for a Cu-15wt% Cr alloy composite formed in-situ [J]. Mater. Lett, 1997 (32): 307-311.

[37] 李强, 陈春玲, 王茜, 等. 铜铬合金时效早期阶段析出相的形貌和结构研究 [J]. 有色金属, 2008 (1): 19-23.

[38] Zhang J B, Liu Y, Cai W, et al. Morphology of Precipitates in Cu-Cr-Ti Alloys:

Spherical or Cubic? [J]. Journal of Electronic Materials, 2016, 45 (10): 4726-4729.

[39] Xu S, Fu H D, Wang Y T, Xie J X. Effect of Ag addition on the microstructure and mechanical properties of Cu-Cr alloy [J]. Materials Science and Engineering: A, 2018 (726): 208-214.

[40] Zhao Z Q, Zhu X, Zhou L, et al. Effect of magnesium on microstructure and properties of Cu-Cr alloy [J]. Journal of Alloys and Compounds, 2018 (752): 191-197.

[41] 张小平. 高强高导 Cu-Cr-In 合金的组织与性能研究 [D]. 江西：江西理工大学, 2015.

[42] Fernee H, Nairn J, Atrens A. Precipitation hardening of Cu-Fe-Cr alloys [J]. Journal of Materials Science, 2001 (36): 2711-2719.

[43] Guo X, Xiao Z, Qiu W, et al. Microstructure and properties of Cu-Cr-Nb alloy with high strength, high electrical conductivity and good softening resistance performance at elevated temperature [J]. Materials science and Engineering A, 2019, 749 (11): 281-290.

[44] Jin Y, Adachi K, Takeuchi T, et al. Correlation between the electrical cinductivity and aging treatment for a Cu-15% Cr alloy composite formed in-situ [J]. Mater. Lett, 1997 (32): 307-311.

[45] Lin G B, Wang Z D, Zhang M K, et al. Heat treatment method for making high strength and conductivity Cu-Cr-Ti alloy [J]. Mater. Sci. Technol, 2011 (27): 966-969.

[46] Chenna S, Karthick N K, Sudarshan G, et al. High strength, utilizable ductility and electrical conductivity in cold rolled sheets of Cu-Cr-Zr-Ti alloy [J]. Journal of Materials Engineering and Performance, 2018 (27): 787-793.

[47] Wang H, Gong L K, Liao J F, et al. Retaining meta-stable fcc-Cr phase by restraining nucleation of equilibrium bcc-Cr phase in CuCrZrTi alloys during ageing [J]. J. Alloy. Comp, 2018, 749: 140-145.

[48] Wang Y H, Song X P, Sun Z B, et al. Effects of Ti addition on microstructures of melt-spun CuCr ribbons [J]. Transactions of Nonferrous Metals Society of China, 2007, 17 (1): 15-76.

[49] Zhang P C, Jie J, Gao Y, et al. Influence of cold deformation and Ti element on the microstructure and properties of Cu-Cr system alloys [J]. Journal of Materials Research, 2015, 30 (13): 2073-2080.

[50] 姜锋, 陈小波, 陈蒙, 等. 高强高导 Cu-Cr-Zr 系合金纳米析出相及其作用机理的研究进展 [J]. 材料导报, 2009, 23 (1): 72-76.

[51] 徐长征, 王娟, 黄美权, 等. 冷变形 Cu-0.36Cr (wt%) 合金的抗软化性能和再结晶行为 [J]. 金属热处理, 2007 (5): 38-42.

[52] Gao Y H, Cao L F, Kuang J, et al. Assembling dual precipitates to improve high-temperature resistance of multi-micro alloyed Al-Cu alloys [J]. Journal of Alloys and Compounds, 2020 (822): 153629.

[53] 段修刚, 蔡庆伍, 武会宾. Ti-Mo 全铁素体基微合金高强钢纳米尺度析出相 [J]. 金属学报, 2011, 47 (2).

[54] 金曼, 孙保良, 李晶, 等. 微量元素 Zr 对 6082 铝合金高温软化性能的影响 [J]. 金属热处理, 2005 (7): 6-9.

[55] 戚运莲. Ti600 高温钛合金的热变形行为及加工图研究 [D]. 西安: 西北工业大学, 2007.

[56] Chen K, Tang J, Jiang F, et al. The role of various Zr additions in static softening behavior of Al-Zn-Mg-Cu alloys during interval holding of double-stage hot deformation [J]. Journal of Alloys and Compounds, 2019, 792.

[57] 刘兆晶, 俞泽民, 李凤珍, 等. Fe 含量对 Al-Fe 合金加工软化的影响 [J]. 哈尔滨理工大学学报, 1994, 18 (4): 41-43.

[58] 李凤珍, 刘兆晶, 金铨, 等. 铝及铝铁合金的加工软化机理 [J]. 中国有色金属学报, 1997, 7 (1): 98-102.

[59] 金铨, 刘兆晶, 俞泽民, 等. 纯铝加工软化规律的研究 [J]. 哈尔滨理工大学学报, 1993, 17 (2): 31-34.

[60] 刘兆晶, 李凤珍, 俞泽民, 等. 杂质含量对 Al-Fe 合金加工软化规律的影响 [J]. 材料科学与工艺, 1995, 3 (4): 63-66.

[61] Li F Z, Liu Z J, Jin Q, et al. Investigation on work softening behavior of aluminum and its alloys with iron [J]. Journal of Materials Engineering & Performance, 1997, 6 (2): 172-176.

[62] Liu C Y, Ma M Z, Liu R P, et al. Evaluation of microstructure and mechanical properties of Al-Zn alloy during rolling [J]. Materials Science & Engineering A, 2016, 654: 436-441.

[63] Yang C F, Pan J H, Lee T H. Work-softening and anneal-hardening behaviors in fine-grained Zn-Al alloys [J]. Journal of Alloys and Compounds, 2009, 468 (1): 230-236.

[64] Yamamoto S, Uda T, Imahori J. Precipitation, recovery, and recrystallization

during working and work-softening of Zn-Al alloys [J]. J. Japan Inst. Metals, 1996, 60 (3): 254-260.

[65] Yamamoto S, Uda T, Imahori J. Precipitation, recovery, and recrystallization during working and work-softening of Zn-Al alloys [J]. J. Japan Inst. Metals, 1996, 60 (3): 247-253.

[66] Jun J H, Seong K D, Kim J M, et al. Strain-induced microstructural evolution and work softening behavior of Zn-15% Al alloy [J]. Journal of Alloys and Compounds, 2007, 434 (6): 311-314.

[67] Hernández-Rivera J L, Martínez-Flores E E, Contreras E R, et al. Evaluation of the hardening and softening effects in Zn-21Al-2Cu with as cast and homogenized microstructure processed by equal channel angular pressing [M]. Switzerland: Springer International Publishing, 2017.

[68] Li H, Liang Y F, Yang W, et al. Disordering induced work softening of Fe-6.5% Si alloy during warm deformation [J]. Materials Science & Engineering A, 2015, 628: 262-268.

[69] Wang X L, Li H Z, Zhang W N, et al. The work softening by deformation-induced disordering and cold rolling of 6.5wt pct Si steel thin sheets [J]. Metallurgical and Materials Transactions A, 2016, 47 (9): 1-10.

[70] Guo M X, Wang M P, Cao L F, et al. Work softening characterization of alumina dispersion strengthened copper alloys [J]. Materials Characterization, 2007, 58 (10): 928-935.

[71] Guo M X, Shen K, Wang M P. Strain softening behavior in a particle-containing copper alloy [J]. Materials Science & Engineering A, 2010, 527 (10): 2478-2485.

2 Cu-Cr-Ti 合金时效行为

Cu-Cr 系合金因其具有高强高导、易加工、耐腐蚀性好和经济成本低等优点，广泛应用于集成引线框架、电阻焊极及触头材料等[1-3]。随着电子工业的进步，传统的二元 Cu-Cr 合金已远不能满足现代电子信息产业的发展要求。Cu-Cr-Zr 合金是 Cu-Cr 系合金的典型代表，抗拉强度高于 600MPa，电导率高于 80% IACS[4]。Su 等人[5]采用固溶和形变热处理工艺，制备了硬度和电导率（IACS）分别为 165HV 和 79.2% 的 Cu-Cr-Zr 合金。Yu 等人[6]制备 Cu-0.5Cr-0.15Zr-0.05Mg-0.02Si 合金，硬度和电导率（IACS）分别为 174HV 和 82.1%。Xie 等人[7]制备了 Cu-Cr-Zr-Ag 合金，强度和电导率（IACS）分别为 476MPa 和 88.7%。然而，Zr 元素化学性质活泼，采用常规的大气熔炼方法难以规模化制备 Zr 元素含量稳定的 Cu-Cr-Zr 合金，通常 Cu-Cr-Zr 合金的制备需要真空或保护气氛保护[8,9]，因此，研究者通过添加新的组元以开发可与 Cu-Cr-Zr 相媲美的 Cu-Cr 系合金。钛与锆同属于过渡族金属元素，其性质相对锆更为稳定，采用大气熔炼制备高品质 Cu-Cr-Ti 合金具有一定的可行性。目前，对于 Cu-Cr-Ti 合金的报道大多使用真空熔炼的方法，Markandey R[10,11]采用真空熔炼制备 Cu-3Ti-1Cr 合金，硬度 HV、屈服强度和抗拉强度分别为 373、1090MPa 和 1100MPa。Wang[12]通过真空熔炼等方法制备 Cu-0.3Cr-0.2Ti-0.1Y 合金，通过对工艺的优化，合金硬度 HV 和电导率（IACS）分别为 134 和 73.9%。本章通过大气熔炼方法制备了不同成分的 Cu-Cr-Ti 合金，研究钛含量、时效制度等因素对 Cu-Cr-Ti 合金组织与性能的影响，为工业化制备高性能 Cu-Cr-Ti 合金提供参考。

2.1　Ti 元素对 Cu-Cr 合金性能的影响

2.1.1　Cu-Cr-Ti 合金的制备

在中频感应炉大气条件下使用熔炼-石墨模铸法制备名义成分为 Cu-0.6Cr、Cu-0.6Cr-0.1Ti 和 Cu-0.6Cr-0.2Ti 的合金扁锭，经 ICP 分析确定实际成分为 Cu-0.57Cr 和 Cu-0.55Cr-0.11Ti 和 Cu-0.48Cr-0.21Ti。铸锭铣面后尺寸为 16mm×50mm×200mm，随后加热至 900℃进行热轧，轧制厚度为 4mm。轧制样品在箱式电阻炉内经 960℃保温 2h 固溶处理后水淬，接着冷轧至厚度 1.5mm，再进行 400℃、450℃和 500℃等温时效处理。将时效处理后试样在 MC010-HV-1000 显微维氏硬度计上测量合金硬度，每个合金试样测量 5 次取平均值，在 SIGMASCOPE SMP10 型导电仪进行电导率测量，精度为 ±0.1% IACS，每个合金试样测量 5 次取平均值。用 Miniflex X 射线衍射仪进行 X 射线衍射分析。采用德国蔡司的 Axioskop 2 金相显微镜进行金相观察。在 TESCAN MIRA 3 和 Thermo Ultradry 高倍扫描电镜进行 SEM 分析。透射电镜试样经双喷减薄，在高分辨透射电镜 JEM-2100 进行分析，加速电压为 200kV。

2.1.2　Ti 元素对 Cu-Cr 合金性能的影响

图 2-1 为 400~500℃等温时效对合金电导率的影响。由图 2-1 可以看出，在时效初期，合金电导率随着时效时间的延长迅速升高，随着时效过程的进行，电导率的升高速率降低，并最终趋于稳定，时效温度越高，达到稳定值所需的时间越短。Ti 元素显著降低了 Cu-Cr 合金的时效响应速度，如在 500℃时效时，Cu-0.55Cr-0.11Ti 合金在 60min 左右达到稳定值，而 Cu-0.48Cr-0.21Ti 合金约在 90min 达到稳定值，且随着 Ti 元素含量的提高，合金的导电率显著下降，Cu-0.55Cr-0.11Ti 和 Cu-0.48Cr-0.21Ti 合金的电导率（IACS）稳定值分别为 72.3% 和 53.6%，而 Cu-Cr 合金电导率（IACS）稳定值高于 90%。

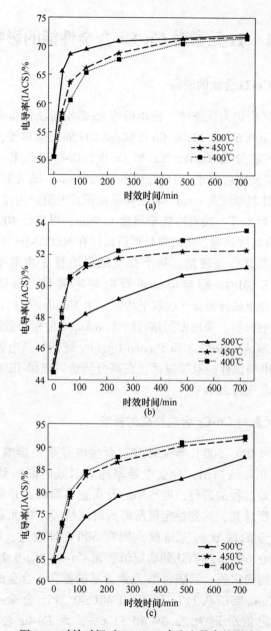

图 2-1 时效时间对 Cu-Cr-Ti 合金电导率的影响

(a) Cu-0. 55Cr-0. 11Ti; (b) Cu-0. 48Cr-0. 21Ti; (c) Cu-0. 57Cr

图 2-2 为 400~500℃等温时效对合金硬度的影响。由图 2-2 可以看出，时效温度的提高显著减少了 Cu-Cr-(Ti) 合金达到峰时效的时间。到达峰值后，随着时效时间延长，合金发生过时效，时效温度越高，过时效合金硬度下降越快。钛含量的升高显著延迟了合金的时效响应速度，如在 450℃进行时效时，Cu-0.55Cr-0.11Ti 合金时效60min 后硬度 HV 达到峰值 123，而 Cu-0.48Cr-0.21Ti 合金时效120min 硬度 HV 达到峰值 125，Cu-Cr 合金经 400℃/6h 后硬度 HV 达到最大值（约为 116）。因此，Ti 元素的加入显著提高了 Cu-Cr 二元合金的峰时效硬度。

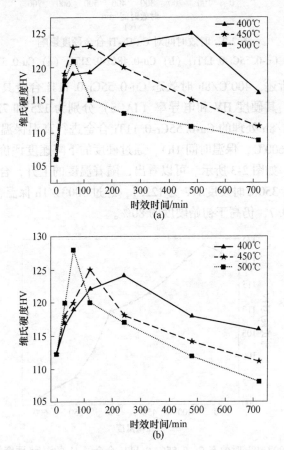

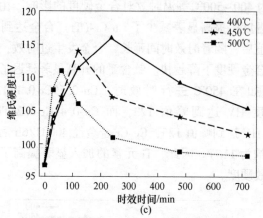

(c)

图 2-2　时效时间对 Cu-Cr-Ti 合金硬度影响
(a) Cu-0.55Cr-0.11Ti；(b) Cu-0.48Cr-0.21Ti；(c) Cu-0.57Cr

　　综上所述，400℃/8h 时效态 Cu-0.55Cr-0.11Ti 合金具有较好的综合性能，其硬度 HV 和电导率（IACS）分别为 125 和 72.3%，因此对 400℃/8h 处理的 Cu-0.55Cr-0.11Ti 合金进行高温保温（温度范围为 350~600℃，保温时间 1h），通过硬度的下降速度评价材料的抗软化性能，如图 2-3 所示。可以看出，随着温度的上升，合金的硬度显著下降，350℃时硬度 HV 为 122.1，经过 500℃/1h 保温，硬度 HV 下降至 109.7，仍高于初始硬度的 80%。

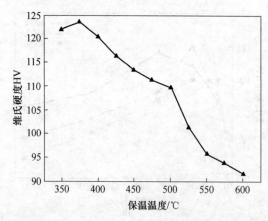

图 2-3　400℃/8h 时效态 Cu-0.55Cr-0.11Ti 合金经 1h 的温度-硬度关系曲线

2.2 Cu-Cr(Ti)合金时效析出动力学分析

等温时效条件下，时效过程中溶质原子发生脱溶成为新相，定义新相的体积分数 f 为[13]：

$$f = \frac{V^P}{V_B^P} \tag{2-1}$$

式中 V_B^P——单位体积中脱溶结束时成为新相的平衡体积；

　　　V^P——单位体积已析出的新相体积。

根据马基申-富列明格规律，材料的电阻与固溶原子分数是存在一定的线性关系，其关系为[14]：

$$\sigma = \sigma_0 + Af \tag{2-2}$$

在相变完成时，合金的电导率为 $\sigma = \sigma_{max}$，$f = 1$，由此可以求出在此温度下时效的参数 $A = \sigma_{max} - \sigma_0$，因此 400~500℃ 各个时刻的第二相体积分数可根据此时的电导率计算得出，如图 2-4 所示。

根据相变动力学，析出相整体的体积分数与时效时间的关系应遵循相变动力学 Avrami 经验方程[15]：

$$f = 1 - \exp(-bt^n) \tag{2-3}$$

式中，b、n 为常数，b 与温度、原始相的成分和晶粒尺寸等因素有关，n 与相变类型和形核位置等因素有关。

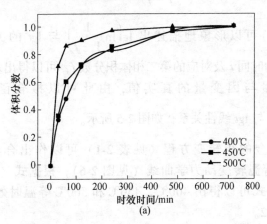

(a)

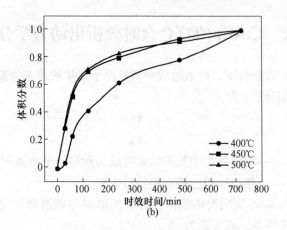

图 2-4　不同时效温度合金析出第二相体积分数变化

(a) Cu-0.55Cr-0.11Ti; (b) Cu-57Cr

为了确定 Cu-Cr(Ti) 合金一定时效温度下的 Avrami 经验方程，必须求方程中的常数 b 及 n，将式 (2-3) 变形后，得:

$$\exp(-bt^n) = 1 - f \tag{2-4}$$

将式 (2-4) 两边取对数，得:

$$\lg\left(\ln\frac{1}{1-f}\right) = \lg b + n\lg t \tag{2-5}$$

式 (2-5) 可以形象地描述出 $\lg\left(\ln\dfrac{1}{1-f}\right)$ 与 $\lg t$ 的关系。已知 400℃时效的时间 t 及对应的第二相体积分数 f，可以得出多组一次函数的自变量与因变量的真实值，由此可以拟合函数，做出 $\lg\left(\ln\dfrac{1}{1-f}\right)$ 与 $\lg t$ 线性关系，如图 2-5 所示。

根据合金的相转变方程 (见表 2-1) 可以作出合金在 400~500℃脱溶等温转变动力学曲线 (见图 2-6)，根据式 (2-2) 及合金相转变公式可以得出 400℃、450℃和500℃等温时效电导率方程，见表 2-2。

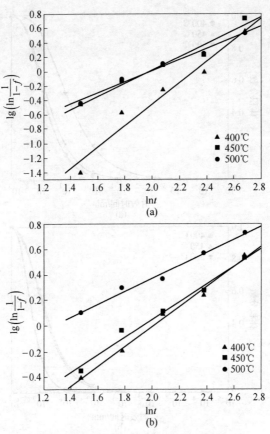

图 2-5 合金时效体积分数与转变时间的关系

(a) Cu-0.55Cr-0.11Ti；(b) Cu-57Cr

表 2-1 Cu-Cr(Ti)合金 Avrami 动力学方程

合金	Cu-Cr-Ti	Cu-Cr
400℃	$f = 1 - \exp(-0.0277t^{0.7770})$	$f = 1 = \exp(-0.0010t^{1.2435})$
450℃	$f = 1 - \exp(-0.0467t^{0.6914})$	$f = 1 - \exp(-0.0339t^{0.7223})$
500℃	$f = 1 - \exp(-0.2336t^{0.5031})$	$f = 1 - \exp(-0.0422t^{0.6809})$

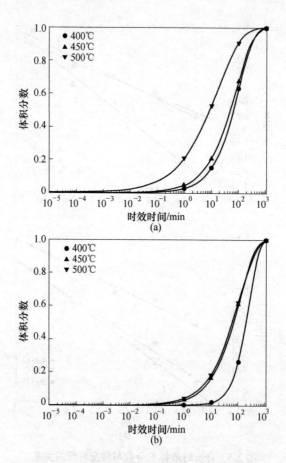

图 2-6　合金时效转变与转变温度动力学 S 曲线

(a) Cu-0.55Cr-0.11Ti；(b) Cu-0.57Cr

表 2-2　合金在 400℃、450℃和 500℃时效电导率方程

合金	Cu-0.55Cr-0.11Ti	Cu-0.57Cr
400℃	$\sigma = 50.7 + 20.6[1 - \exp(-0.0277t^{0.7770})]$	$\sigma = 64.7 + 23.2[1 - \exp(-0.0010t^{1.2435})]$
450℃	$\sigma = 50.7 + 21.2[1 - \exp(-0.0467t^{0.6914})]$	$\sigma = 64.7 + 27.3[1 - \exp(-0.0339t^{0.7223})]$

合金	Cu-0.55Cr-0.11Ti	Cu-0.57Cr
500℃	$\sigma = 50.7 + 20.7[1 - \exp(-0.2336t^{0.5031})]$	$\sigma = 64.7 + 27.6[1 - \exp(-0.0422t^{0.6809})]$

为研究表 2-2 中电导率公式在反映电导率变化规律的精确度，可做出其曲线与试验值进行比较，如图 2-7 所示。对比可以发现，两者的误差较小，Avrami 电导率方程能够较准确地反映出 400℃、450℃和 500℃时效时该合金导电率的变化。进而推知，相转变方程也能够较准确地反映出 400℃、450℃和 500℃时效时合金的相变过程。

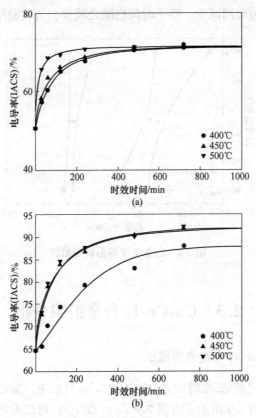

图 2-7 合金实际与理论电导率曲线

(a) Cu-0.55Cr-0.11Ti；(b) Cu-0.57Cr

由各温度第二相的初始与终了转变时间，可以推出合金的等温转变动力学曲线。一般认为第二相转变率到达 10% 的时刻即为第二相的初始转变温度，第二相转变率到达 90% 的时刻即为第二相的终了转变温度。由式(2-3)转换可得第二相转变时间 t：

$$t = \exp \frac{\ln\left[\dfrac{-\ln(1-f)}{b}\right]}{n} \qquad (2-6)$$

由式（2-6）可以算出三种合金在 400℃ 和 450℃ 的相转变初始及终了时间，并绘出 Cu-Cr(Ti) 合金在 400~500℃ 的等温转变动力学曲线，如图 2-8 所示。由图 2-8 可以看出，随着温度的升高，合金时效析出的起始时间减少，终了时间也随之减少，与实验结果相一致。

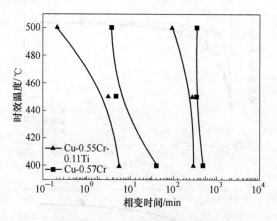

图 2-8   合金 TTT 等温转变曲线

2.3   Cu-Cr-Ti 合金组织分析

2.3.1   Cu-Cr-Ti 合金金相组织

铸态、固溶态和时效态 Cu-0.55Cr-0.11Ti 和 Cu-0.48Cr-0.21Ti 合金金相如图 2-9 所示。由图 2-9（a）和（b）可以看出，两种铸态合金晶粒粗大，均超过 400μm，单个视场下仅能看到几个晶粒。由

图 2-9   Cu-Cr-Ti 合金金相组织
(a), (c), (e): 铸态、固溶态和时效态 Cu-0.55Cr-0.11Ti;
(b), (d), (f): 铸态、固溶态和时效态 Cu-0.48Cr-0.21Ti

图 2-9 (c) 和 (d) 可以看出，两种合金在固溶过程中发生明显的再
结晶，组织中存在大量的孪晶，再结晶晶粒尺寸均匀一致，平均粒径

约为 80μm。图 2-9（e）和（f）分别为 Cu-0.55Cr-0.11Ti 合金经 400℃/8h 时效和 Cu-0.48Cr-0.21Ti 合金经 450℃/4h 时效处理的显微组织。由图 2-9（e）和（f）可以看出，合金组织中存在典型的加工组织，且无明显的孪晶特征存在，说明合金在时效过程中未发生显著的再结晶过程。

图 2-10 为 Cu-0.55Cr-0.11Ti 和 Cu-0.48Cr-0.21Ti 合金铸态 XRD 衍射图谱。从图 2-10 中可以看出，在合金的衍射图谱中，基体铜的衍射峰明显，此外，在 95°左右出现一个较为微弱的衍射峰 A1 和 A2。根据合金元素成分结果分析，该衍射峰对应的物质可能为单质铬、单质钛或者铜、铬和钛三者之间的化合物，根据 PDF 卡片，并采用排除法确定该衍射峰和单质铬标准衍射峰相对应，因此确定 A1 峰和 A2 峰对应于单质铬，可以推断铬在合金中的存在形式之一为单质铬粒子。合金衍射峰并没有出现单质钛或含钛化合物的衍射峰，因此可以推断，钛元素主要以溶质原子的形式存在。

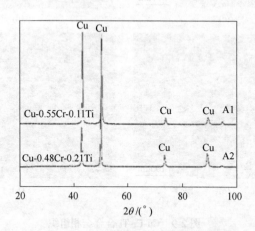

图 2-10　Cu-Cr-Ti 合金 X 射线衍射图谱

图 2-11 为铸态 Cu-0.55Cr-0.11Ti 合金扫描电镜照片及面扫描分析。从图 2-11 中可以看出，第二相颗粒呈不规则圆形，尺寸为 2 ~ 2.5μm，且 Cr 元素在第二相颗粒所在区域发生明显偏聚，而 Ti 元素

在整个视场中均匀分布，由此推断，第二相的主要组成元素为 Cr，为单独的 Cr 相。

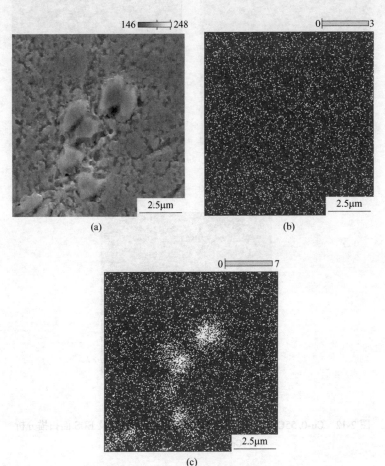

图 2-11　Cu-0.55Cr-0.11Ti 合金铸态扫描电镜照片及 EDS 面扫描分析
(a) Grey；(b) Ti K；(c) Cr K

图 2-12 为 Cu-0.55Cr-0.11Ti 合金 400℃/8h 时效态扫描电镜照片及 EDS 面扫描分析。可以看出，基体中存在明显的微米级第二相颗粒，与 Cu-0.55Cr-0.11Ti 合金的中的 Cr 相形貌、尺寸接近，经面扫确定该相主要组成仍为 Cr 元素。

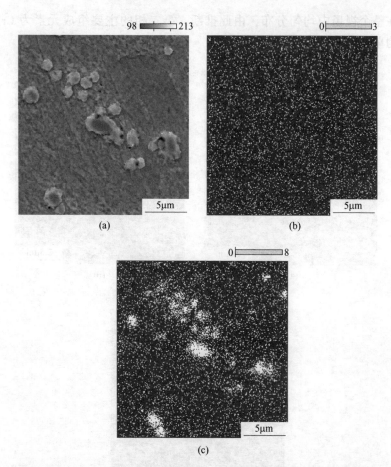

图 2-12 Cu-0.55Cr-0.11Ti 合金时效态扫描电镜照片及 EDS 面扫描分析
（a）Grey；（b）Ti K；（c）Cr K

2.3.2 Cu-Cr-Ti 合金的时效析出相

图 2-13（a）为 Cu-0.55Cr-0.11Ti 合金 400℃时效 1h 合金析出相形貌。从图 2-13（a）可以看出，析出相弥散分布，且尺寸较小，约为 5nm。图 2-13（b）为 Cu-0.55Cr-0.11Ti 合金 400℃时效 2h 析出相形貌，呈圆形且尺寸明显增大，为 10~15nm。图 2-13（c）为合金 400℃时效 8h 析出相，可以发现有立方形析出相 A 存在，尺寸为

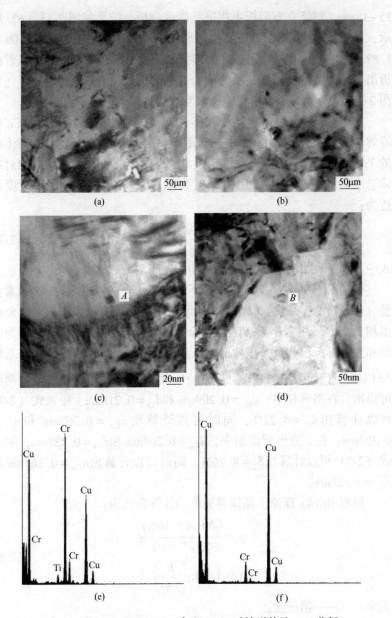

图 2-13 Cu-0.55Cr-0.11Ti 合金 400℃时效形貌及 EDS 分析
(a) 时效 1h；(b) 时效 2h；(c) 时效 8h，析出相 A；(d) 时效 8h，析出相 B；
(e) 析出相 A 能谱；(f) 析出相 B 能谱

15~18nm，对该立方形析出相进行能谱分析，结果如图 2-13（e）所示，其中钛含量为 5.25%，铬含量为 94.74%，原子比为 0.109：1.82。图 2-13（d）为合金 400℃时效 8h 析出相 B 的形貌，可以看出析出相仍为圆形析出相，尺寸约为 25nm，对该相进行能谱分析（见图 2-13（f）），圆形析出相中并未发现钛元素，仍属于富铬相。

根据 Cu-Ti 和 Cu-Cr 合金相图可知，在 400℃时，Ti 元素在 Cu 中溶解度约为 1%，Cr 在 Cu 中几乎不溶，因此本试验合金中，基体中的 Ti 原子均以溶质原子形式存在，Cr 为合金的第二相。第二相对基体造成的晶格畸变可以用错配度来描述，两相间点阵的错配度表达为：

$$\delta = \frac{2 \mid d_{Cu} - d_{Cr} \mid}{d_{Cu} - d_{Cr}} \tag{2-7}$$

式中，d_{Cu} 和 d_{Cr} 分别为 Cu 和 Cr 相的点阵常数。

根据 EDS 发现，圆形析出相不含 Ti 原子，立方形相中 Ti 元素含量（质量分数）高达 5.25%。因此，可将圆形相看作 Cu-Cr 合金析出相，立方形相看作 Cu-Cr-Ti 合金析出相来研究。图 2-14 分别为圆形和立方形析出相反傅里叶晶格条纹图像。由图 2-14 可知，Cu 基体与 Cr 相平行面为 [$\bar{1}$11]fcc//[011]bcc，且均为共格关系。根据两图可得出，在圆形相中，$d_{Cu} = 0.209$nm 和 $d_{Cr} = 0.218$nm，带入式（2-7）可以计算出 $\delta_1 = 4.22\%$，同时可以计算出 $a_{Cu} = 0.362$nm 和 $a_{Cr} = 0.307$nm；在立方形析出相中，$d_{Cu} = 0.209$nm 和 $d_{Cr} = 0.227$nm，带入式（2-7）可以计算出 $\delta_2 = 8.26\%$，同时可以计算出 $a_{Cu} = 0.362$nm 和 $a_{Cr} = 0.321$nm。

根据 Brooks 理论，晶体界面能的计算公式为：

$$\gamma = \frac{Gb\delta(A - \ln r_0)}{4\pi(1 - \nu)}$$

$$A = 1 - \ln\left(\frac{b}{2\pi r}\right) \tag{2-8}$$

式中　　δ——错配度；

　　　　b——柏氏矢量；

　　　　G——剪切模量；

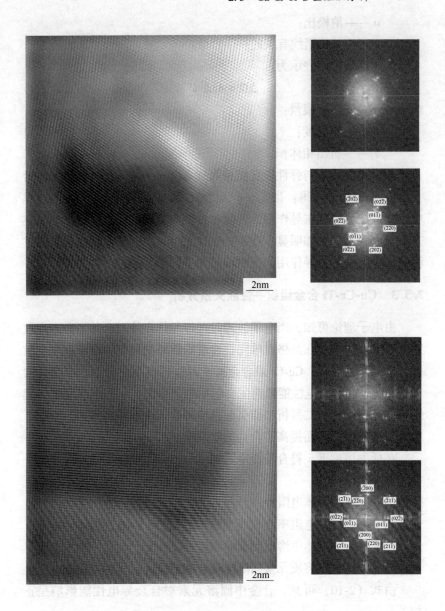

图 2-14 圆形和立方形析出相 IFFT 的 HRTEM 图像及衍射斑点

　　ν ——泊松比；

　　r_0 ——与位错线有关的一个常数。

　　弹性应变能则表示为：

$$\Delta G = 4\mu\delta^2 V \tag{2-9}$$

式中　μ ——剪切模量；

　　　δ ——错配度；

　　　V ——析出相体积。

　　假设当界面能与弹性应变能相等（$\Delta G = \gamma$）时，此时的错配度为一定值 δ_c，由此可得：当 $\delta > \delta_c$ 时，$\Delta G > \gamma$，在析出相长大的过程中，弹性应变能起主导作用，且随着弹性应变能的增大，析出相呈立方形长大的趋势更加明显；当 $\delta < \delta_c$ 时，$\Delta G < \gamma$，在析出相长大的过程中，界面能起主导作用，析出相长大呈圆形。

2.3.3　Cu-Cr-Ti 合金组织—性能关系分析

　　由电子理论可知，当电子波通过理想导体点阵时，并不会产生散射，即电阻为零。在晶格点阵完整性遭到破坏的地方，电子波发生散射，从而产生电阻。Cu-Cr 系合金属于时效析出强化合金，合金元素对 Cu-Cr 系合金导电性能影响主要包括两个方面：一是固溶元素引起铜基体晶格畸变；二是析出相引起晶格畸变。两者共同作用，增加了对电子的散射，从而提高了合金的电阻率。

　　在低固溶度下，符合马提申定则[16]：

$$\rho = \rho_0 + c\zeta \tag{2-10}$$

式中　ρ ——固溶体电阻率；

　　　ρ_0 ——纯铜电阻率（仅是温度函数），当 $T=0$ 时，$\rho_0 = 0$；

　　　c ——固溶体中溶质元素的浓度；

　　　ζ ——单位溶质元素固溶体残余电阻。

　　由式（2-10）可见，合金中固溶元素对合金导电性能影响呈正相关。

　　析出相与基体相互作用而引起晶格畸变，导电性变化[17]可表达为：

$$\sigma = \sigma_0 \left[1 - 3nc + \frac{3n_2 f_2(\sigma_0 + 2\sigma_1)}{\sigma_1 + 2\sigma_0} \right]$$

$$n = \frac{\sigma_0 - \sigma_1}{2\sigma_0 + \sigma_1}$$

(2-11)

式中　σ_0——铜基体的电导率；

σ——铜合金的电导率；

f——第二相颗粒的体积分数；

σ_1——第二相颗粒的电导率。

文献[16]指出，只有析出相尺寸低于 1nm，即尺寸达到与电子波长同一数量级时，才能对析出强化铜合金导电性造成较大影响，试验合金中析出相的尺寸均远超过 1nm，因此固溶溶质原子是影响 Cu-Cr-Ti 合金电导率的最主要因素。

对 Cu-0.55Cr-0.11Ti 和 Cu-0.48Cr-0.21Ti 合金进行人工时效，在合金中脱溶相和母相自由能差的驱动下，大量固溶原子析出，形成新的第二相，因此表现为电导率比冷变形后分别上升 41.8% 和 25.8%。从图 2-1 可以看出，时效温度越高，电导率提高得越多。与此同时，提高时效温度，原子扩散系数升高，在同一时间内，过饱和固溶体中析出的溶质原子增多，可以证明 Cu-Cr-Ti 电导率受到铜基体固溶体中溶质的含量影响。

对于合金元素对合金电导率的影响，可以由图 2-15 看出[18]，相对于锆，钛对合金电阻率影响相当显著，但是在低含量下，两种合金元素对电导率影响相差不大。据报道，冷变形时效处理的 Cu-1Ti 合金的电导率（IACS）仅为 21%[19]。试验合金中，钛原子均以溶质元素形式弥散分布在基体和析出相中，造成晶格畸变，导致晶粒缺陷增加，提高对电子的散射能力，显著影响合金的导电性能。对比图 2-1（a）和（b），尽管 Cu-0.55Cr-0.11Ti 和 Cu-0.48Cr-0.21Ti 合金钛含量仅差 0.1%，但是前者的峰值电导率比后者高 28.4%。

据报道，在 Cu-Cr-Zr 合金中弥散分布大量的铬相和 CrCu_2Zr 相[20,21]，这些相具有较高的硬度，阻碍位错滑移和偏聚，析出相对合金的回复和再结晶的阻碍作用强于由位错密度增殖推动的再结晶过程[22]，使得合金具有良好的高温性能。一般认为，具有较大的错配

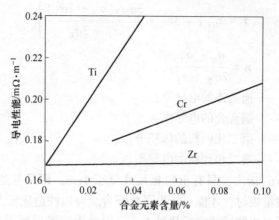

图 2-15　合金元素含量对导电性能影响

度则具有较高的界面应变能，但析出相的组织稳定性较低，具有较低
的晶格错配度的 Cu/Cr 相界面应变能较小，在高温下，组织稳定性
增加，并具有较好的持久性[23,24]。在高温的环境下，合金中钛原子
晶格将会膨胀，一方面会形成较大的长程应力场，阻碍位错运动，提
高合金高温下强度；另一方面能够改变 Cu/Cr 两相的晶格错配度，
增强晶界的结合力。在钛原子作用下，析出相长大和合金晶粒回复再
结晶受阻，合金高温性能显著改善。析出相在长大的过程中难以突破
钛原子的束缚，长大受到抑制，相对不含钛的析出相，晶粒尺寸显著
减小。时效过程中，溶质原子钛抑制了第二相的长大和基体晶粒的再
结晶过程，是合金高温性能提高的根本原因[25]。

参 考 文 献

[1] 解浩峰, 米绪军, 黄国杰, 等. Cu-Cr-Zr-Sn 合金的时效析出行为与性能 [J].
稀有金属材料与工程, 2012, 2011 (41): 9.

[2] Prasad V V S, Reddy Y S, Prakash U. Effect ofprocess parameters on in-situ
reduction of chromium oxide during electro slag crucible melting of Cu-Cr alloy
[J]. ISIJ International, 2006, 46: 776.

[3] Krishna S C, Rao G S, Jha A K, et al. Analysis of phases and their role in
strengthening of Cu-Cr-Zr-Ti alloy [J]. Journal of Materials Engineering and

Performance, 2015, 24 (6): 2341-2345.

[4] 赵冬梅, 董企铭, 刘平, 等. 铜合金引线框架材料的发展 [J]. 材料导报, 2001, 15 (5): 25-27.

[5] Su J H, Dong Q M, Liu P, et al. Research on Aging precipitation in a Cu-Cr-Zr-Mg alloy [J]. Materials Science and Engineering A, 2005, 392 (1/2): 422-426.

[6] Yu F X, Cheng J Y, Ao X W. Aging characteristic of Cu-0. 6Cr-0. 15Zr-0. 05Mg-0. 02Si alloy containing trace rare earth yttrium [J]. Rare Metals, 2011, 30 (5): 539-543.

[7] Xie H F, Mi X J, Huang G J, et al. Effect of thermomechanical treatment on microstructure and properties of Cu-Cr-Zr-Ag alloy [J]. Rare Metals, 2011, 30 (6): 650-656.

[8] Wang K, Liu K F, Zhang J B. Microstructure and properties of aging Cu-Cr-Zr alloy [J]. Rare Metals, 2014, 33 (2): 134-138.

[9] Krishna S C, Radhika K V, Tharian K T, et al. Dynamic Embrittlement in Cu-Cr-Zr-Ti Alloy: Evidence of Intergranular Segregation of Sulphur [J]. Journal of Materials Engineering and Performance, 2013, 22 (8): 2331-2336.

[10] Markandey R, Nagarjun S, Sarma D S. Precipitation hardening of Cu-Ti-Cr alloys [J]. Materials Science and Engineering A, 2004, 371: 291-305.

[11] Markandey R, Nagarjun S, Sarma D S. Effect of prior cold work on age hardening of Cu-3Ti-1Cr alloy [J]. Materials Characterization, 2006, 57: 348-357.

[12] Wang X H, Liang Y, Zou J T. Effect of Rare Earth Y Addition on the Properties and Precipitation Morphology of Aged Cu-Cr-Ti Lead Frame Alloy [J]. Advanced Materials Research, 2010, 97-101 (1-5): 578-581.

[13] A G 盖伊, J J 赫仑. 物理冶金学原理 [M]. 北京: 机械工业出版社, 1998.

[14] Nagarjuna S, Balasubra K. Effect of prior cold work on mechanical properties, electrical conductivity and microstureture of aged Cu-Ti alloys [J]. Journal of Materials Science & Technology, 1999, 34 (12): 2929-2942.

[15] R W 卡恩. 物理金属学 [M]. 北京: 科学出版社, 1985.

[16] 赵冬梅, 董启铭, 刘平, 等. 高强高导铜合金合金化机理 [J]. 中国有色金属学报, 2001, 11 (s2): 21-24.

[17] 刘平, 赵冬梅, 田保红. 高性能铜合金及其加工技术 [M]. 北京: 冶金工业出版社, 2005.

[18] 陈树川. 材料物理性能 [M]. 上海：上海交通大学出版社, 1999.

[19] 张秀群, 孙扬善, 薛峰, 等. Ni, Si Mn 和 Ti 对高强度铜合金力学性能和导电性能的影响 [J]. 东南大学学报（自然科学版）, 2003, 33（4）：458-462.

[20] Song L P, Yin Z M, Li N N, et al. Influence of different treatment on microstructures and properties of Cu-Cr-Zr-Mg alloy [J]. Rare Metals, 2004, 28（1）：122-125.

[21] Qi W X, Tu J P, Liu F, et al. Microstructure and tribological behavior of a peak aged Cu-Cr-Zr alloy [J]. Materials Science and Engineering A, 2003, 343：89-96.

[22] Su J H, Dong Q M, Liu P, et al. Research on aging precipitation in a Cu-Cr-Zr-Mg alloy [J]. Materials Science and Engineering A, 2005, 392：422-426.

[23] 郭建亭. 高温合金材料学 [M]. 北京：科学出版社, 2008.

[24] Grum J. Overview of residual stress after quenching part II：factors affecting quench residual stresses [J]. International Journal of Materials & Product Technology, 2005, 24（1-4）：53-97.

[25] 赵品. 材料科学基础 [M]. 哈尔滨：哈尔滨工业大学出版社, 2003.

3 Cu-Cr-Ti 合金强化机制研究

金属或合金在冷变形后，基体内的位错通过滑移和交互作用会呈现出不均匀分布和相互缠结的现象。当变形程度加剧时，基体内大量位错聚集，形成位错割阶、位错胞和位错壁，位错的运动受阻，金属的强度、硬度得到提高。变形后破碎细小的晶粒增加了合金单位体积内的晶界面积，晶界同样对位错的滑移有阻碍作用，能够进一步提高合金性能。

然而，冷变形后金属或合金的畸变能大幅升高，处于热力学不稳定状态，具有自发向低自由能状态恢复的趋势。在高温条件下，基体内的位错运动，发生了回复和再结晶，位于同一个滑移面上的异号位错相互抵消，位错密度降低。位错的重新排列，沿着垂直于滑移面方向且存在一定取向差的小角度亚晶界，并由此产生亚晶，为再结晶做准备。发生再结晶的金属或合金基体内，位错密度低的无畸变晶粒取代了位错密度高的冷变形晶粒，合金的强度、硬度有所下降。

以 Cu-Cr 和 Cu-Cr-Ti 合金为研究对象，使用多种微观组织结构检测分析手段分析合金在 20%、60% 和 80% 变形量的冷轧后，再进行时效处理的组织和性能。计算两种合金在峰时效状态下，位错密度、晶粒尺寸、析出相尺寸、Ti 原子的固溶强化对合金屈服强度的贡献值，揭示 Ti 元素对 Cu-Cr-Ti 合金提升高温软化温度的机理。

3.1 Ti 元素对 Cu-Cr-Ti 合金性能影响

3.1.1 CuCrTi 合金制备与性能测试

通过在大气环境下铁模浇铸制备了 Cu-Cr 和 Cu-Cr-Ti 合金，并采用了多种微观组织表征手段，研究了 Cu-Cr 和 Cu-Cr-Ti 合金经"热轧-固溶-冷轧-时效"工艺处理后，在各个状态下合金对应的组织性能变化规律。

使用的原料为：纯铜（99.95%）、纯钛（99.99%）、Cu-0.08Cr中间合金。在大气环境下使用中频感应炉熔炼制备 Cu-Cr 和 Cu-Cr-Ti 合金铸锭，使用电耦合等离子发射光谱仪检测合金成分，送检样品碎屑质量不小于 5g，合金的目标成分和实际成分见表3-1。

表3-1 合金成分分析 （%）

分类	序号	成分（质量分数）	Cr	Ti	Cu
目标成分	1号	Cu-0.50Cr	0.50	—	余量
	2号	Cu-0.50Cr-0.10Ti	0.50	0.10	余量
	3号	Cu-0.50Cr-0.20Ti	0.50	0.20	余量
实际成分	1号	Cu-0.46Cr	0.46	—	余量
	2号	Cu-0.50Cr-0.18Ti	0.50	0.18	余量
	3号	Cu-0.45Cr-0.28Ti	0.45	0.28	余量

使用中频感应炉熔炼，开始熔炼前先将石墨黏土坩埚和金属原材料预热，烘干水分，待坩埚预热充分后加入纯铜并覆盖木炭，完全熔化后保温 2min，加入 Cu-0.08Cr 中间合金，再保温 2min 后放入用铜箔包裹的纯钛条，目的是减少烧损。金属全部熔化后，保温 2min，去除金属液面上覆盖的木炭，铁模浇铸成尺寸为 180mm × 120mm × 20mm 的合金铸锭。

Cu-Cr 和 Cu-Cr-Ti 合金铸锭经过双面铣面后，在 900℃保温 1h 进行均匀化处理，随后采用 320 × 500 型二辊轧机轧制，热轧后样品厚度为 4mm。对热轧后的样品进行固溶处理。将样品置于箱式电阻炉中，在950℃下保温 60min 后水淬。

将固溶处理后的合金用砂纸打磨表面氧化皮后，使用二辊冷轧机进行冷轧，冷轧过程中各道次加工率不大于 30%。样品厚度分别由 4mm 冷变形至 3.2mm（4mm→3.5mm→3.2mm，总变形量为 20%）、冷变形至 1.6mm（4mm→3mm→2.1mm→1.6mm，总变形量为60%）、冷变形至 0.8mm（4mm→3mm→2.1mm→1.6mm→

1.2mm →1mm →0.8mm，总变形量为80%）。

冷轧后的样品切割成小块，置于箱式电阻炉中进行时效处理，在450℃下保温 1h、2h、4h、6h、8h 和 10h。将峰时效合金样品在不同温度下（470℃、490℃、510℃、530℃、550℃、570℃、590℃、610℃、630 ℃）分布保温 60min，根据《铜及铜合金软化温度的测定方法》（GB/T 33370—2016）测得合金的软化温度。

将切割后的小块样品用不同型号的砂纸依次打磨至表面光滑，采用 200HS-5 型显微维氏硬度计在室温条件下进行硬度测量，测量时的载荷为 0.2kg，加载时间为 30s。分别在样品的中心和边缘取点检测，每个样品至少测量十次，硬度值为所有测试点硬度的平均值。

采用直流数字电阻测试仪来测试合金的电导率，将样品切割成12mm ×12mm 的方片，用 600 号、800 号、1000 号、1200 号、1500号、2000 号的砂纸依次磨至接近样品厚度中心的位置，样品表面平整光滑。

在室温条件下检测，每个样品至少检测五次，取平均值。合金在时效后，样品表面由于时效过程中的氧化会和中心厚度处的硬度和电导率值差异较大，测试时将样品磨至接近中心厚度处，得到的硬度和电导率数据更稳定。

拉伸样品使用电火花数控线切割机床进行切割，试样标距为30mm，用砂纸将样品表面氧化皮和污渍打磨干净，在室温条件下进行拉伸试验。

3.1.2 合金的显微硬度

图 3-1 为合金在 450℃等温时效处理的 Cu-0.46Cr、Cu-0.50Cr-0.18Ti 和 Cu-0.45Cr-0.28Ti 合金硬度随时效时间的变化曲线。如图 3-1所示，随着时效时间的延长，Cu-0.46Cr、Cu-0.50Cr-0.18Ti 和Cu-0.45Cr-0.28Ti 合金的硬度都呈现为先升高，达到峰值后下降的趋势。在80%变形量下，三种合金在时效时间 4h 左右时，硬度达到峰值，表现出典型的时效硬化特征。随着时效时间的延长，合金硬度开始下降。

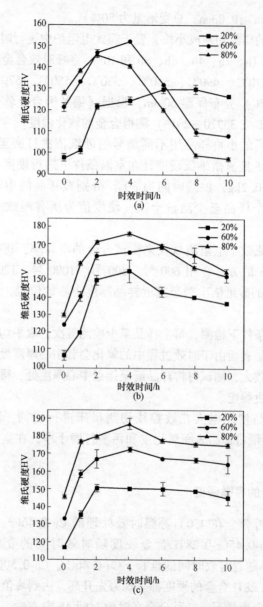

图 3-1   合金在 450℃时效不同时间的合金硬度

(a) Cu-0. 46Cr; (b) Cu-0. 50Cr-0. 18Ti; (c) Cu-0. 45Cr-0. 28Ti

Cu-0.46Cr 合金在时效过程中，60%和80%变形量的试样时效硬度在时效 4h 时十分接近，在其他时效时间，60%变形量试样的时效硬度均高于 80%变形量。随着时效时间的延长，60%和80%变形量的试样硬度开始剧烈下降，而 20%变形量的试样硬度保持稳定。合金经过冷塑性变形后，随着形变量的提高，基体中位错密度增大、晶粒尺寸更细小，晶格发生畸变导致畸变能更高，合金在450℃保温过程中更容易发生回复和再结晶。因此，形变量为 80%的 Cu-0.46Cr 合金在 450℃发生过时效后合金的硬度下降更为明显。加入 Ti 元素后，Cu-0.50Cr-0.18Ti 和 Cu-0.45Cr-0.28Ti 合金随着时效时间的延长，硬度同样迅速上升，在 4h 左右达到峰值。与 Cu-0.46Cr 合金不同的是，随着时效时间的延长，加入 Ti 元素后，合金在三种变形量下的时效硬度下降程度大致相同，且 80%变形量的试样时效硬度高于 60%变形量试样，表明 Ti 元素一定程度上抑制了大变形量合金在时效过程中的回复再结晶过程或 Ti 元素自身对合金有强化作用。对比不含 Ti 元素的 Cu-0.46Cr 合金，加入 Ti 后的合金抗高温软化性能有所提升。

对比三种合金在相同变形量下的时效硬度，加入 Ti 元素后，合金的峰值硬度较 Cu-0.46Cr 有明显提升，且 Cu-0.45Cr-0.28Ti 合金的峰值硬度要高于 Cu-0.45Cr-0.18Ti 合金，说明 Ti 元素对提高 Cu-Cr 合金时效硬度有显著作用。

3.1.3 合金的屈服强度

为与屈服强度的理论计算值做对比，对 80%冷变形量的 Cu-0.46Cr 和 Cu-0.45Cr-0.28Ti 合金在冷轧态和峰时效态的试样做拉伸测试，得到合金实际的屈服强度值。合金拉伸的真应力-真应变曲线如图 3-2 所示。

两种合金在冷轧态和峰时效态的抗拉强度和屈服强度数值见表 3-2。由表 3-2 可知，Cu-0.46Cr 合金时效后，屈服强度由冷轧态的426MPa 降低至 278MPa，而 Cu-0.45Cr-0.28Ti 合金时效后，屈服强度由 432MPa 升高至 503MPa，Ti 元素的作用十分显著。

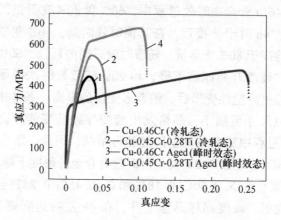

图 3-2   合金冷轧态和时效态的真应力-真应变曲线

表 3-2   合金冷轧态和峰时效态的抗拉强度和屈服强度

状态	Cu-0.46Cr		Cu-0.45Cr-0.28Ti	
	抗拉强度/MPa	屈服强度/MPa	抗拉强度/MPa	屈服强度/MPa
冷轧态	428	426	439	432
峰时效态	364	278	526	503

冷轧态合金的强化主要来自变形过程中引入的高位错密度和细小破碎的晶粒，因此 Cu-0.46Cr 和 Cu-0.45Cr-0.28Ti 合金在冷轧态的抗拉强度和屈服强度差别不大。时效处理后合金的屈服强度下降是由于基体内发生回复和再结晶，位错密度下降，晶粒长大，同时析出相粗化对位错的阻碍能力降低且析出相自身的强化作用下降。

3.1.4   合金的电导率

对 Cu-0.46Cr 和 Cu-0.45Cr-0.28Ti 合金做电导率测试，测得两种合金的电导率随时效时间的变化曲线如图 3-3 所示。

如图 3-3（a）所示，Cu-0.46Cr 合金的电导率随时效时间的延长上升很快，在时效 6h 左右，电导率数值基本平稳，80%变形量合金电导率（IACS）最大值为 96.4%，且三种变形量合金的电导率值十分接近。固溶原子产生的晶格畸变对电子的散射作用会降低合金的电导率、即合金的致密度。通常在相同温度下的致密度、晶界越高则合金的强度、硬度、电导率越高，反之则越低。合金的微观组织、分布和致密度同样影响合金的电导率、在图 3-3 (a) 中，Cu-0.50Cr 合金中含有的 Cr 元素较少、时效早期因此其电阻率较低，80h时效后合金的电导率达到 96%。相当 93% 达到 95.1%。在图 3-3 (c) 中，Cu-0.45Cr-0.28Ti 合金含量 Ti 元素的添加而含量增加，此时，在 0h 发生时变化值。60% 变化降低、合金时效后电导率 (IACS) 降到 35.5%。一般说来时效温度出现时间延长时，图例 7、随着时效时间的延长、析出相逐渐增多、当效率越高。此次 Cu-0.45Cr-0.25Ti 合金电导率逐渐接近最佳。

3.2 Ti 元素对 Cu-Cr-Ti 合金断裂机理的影响

3.2.1 Cu-Cr-Ti 合金断裂形貌特征

采用扫描电镜可以对合金电压了解微观组织、形貌等进行观察并成功 HK5J 合金进行的断裂形貌观察、并进行平均应用对组织化分离分析 (EDS)、的性可以高温过渡原理同时有一定的大量后去。同此时间延加、合金含量增加后进行过渡后合金结果。又当合金结果是最后表层的段落成分。普能力扫描电镜 (PKSU) 进行合金原则及含金剥的分布分析、口 H-6O-200g 合金的合金进行有效进行、合金剥的合金剥及该自动的长度。此时间、组织平均电脑变化剥离量时、可对量合金平价进行、分析、采用、加强可见管道出现的晶胞与应的加强效率、共同、新加可见管道。

合金结构可分显微出的、合金高电压的合金结构的、合金新加。尺寸小量管、又如高结构时、其结构量、最后新加密度、合金强加工 1.5% 号、Cu 结构化合金量都开始、上后、最后电压为 2000g、合金结构进化组合、最合金量都化、在此时、合金 × 10Cr。5Zr 到、日本高级口盖主要在 5% 左右、口面电效进行在合金设值、此合金化 5hr 合金的、口并进行加密后进行口面面电影应变化 5kpm 处、影响、内外属面下、合金出现电效高变化实现、合金界面会量。−30 ℃、但化为 −10 ℃ 从上、新电阻效合金结果 IBO 并量程、合金其它、−30 ℃、

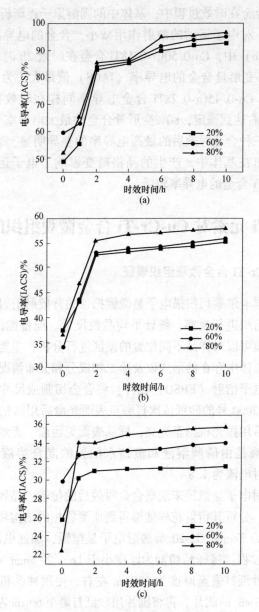

图 3-3 合金随时效时间变化的电导率曲线

(a) Cu-0.46Cr；(b) Cu-0.50Cr-0.18Ti；(c) Cu-0.45Cr-0.28Ti

电导率，而合金在时效过程中，基体中的固溶原子逐渐析出，晶格畸变程度降低，对电子运动的散射作用减小，合金的电导率表现为升高。图 3-3（b）中，Cu-0.50Cr-0.18Ti 合金在时效 2h 时电导率值基本平稳，80%变形量合金的电导率（IACS）值最大，为 55.1%。图 3-3（c）中，Cu-0.45Cr-0.28Ti 合金电导率同样在时效初期上升明显，在 6h 左右达到稳定，80%变形量合金的最大电导率（IACS）仅为 35.7%。三种合金时效后的最高电导率的差异明显，表明 Ti 原子仍均匀的分布在基体中，产生的晶格畸变影响了电子运动，故 Cu-0.45Cr-0.28Ti 合金的电导率较低。

3.2　Ti 元素对 Cu-Cr-Ti 合金微观组织的影响

3.2.1　Cu-Cr-Ti 合金微观组织表征

采用德国卡尔蔡司扫描电子显微镜携带的背散射衍射仪对合金样品的晶微观组织进行观察，统计平均晶粒尺寸。配备能谱仪（EDS）的电子显微镜可以对样品不同位置的微区进行分析，主要包括添加的合金元素在集体中存在的形式以及第二相成分和分布情况等。

背散射电子衍射（EBSD）制样：将合金切割成尺寸合适的小块后，用 400~2000 号的砂纸依次打磨至表面光滑后用酒精将样品表面洗干净，随后用抛光机抛至光亮，样品表面无污渍、无划痕。电解抛光使用的溶液是由磷酸溶液和蒸馏水配置的混合溶液，体积比为 3∶7，抛光时电流为 1.8A。

使用透射电子显微镜来观察合金时效后的位错、晶界及析出相的尺寸和形貌，分析其衍射花样能够得到所测物相的结构和类型。本节使用了型号为 Tecnai G2-20 型透射电子显微镜，加速电压为 200kV。样品的制备过程：将样品切割为厚度小于 1mm 的 5mm × 10mm 长方形薄片，用砂纸打磨至厚度为 200μm 左右。使用冲孔机将样品薄片制成直径为 3mm 的圆片，再将圆片用砂纸打磨至 60μm 左右，随后进行双喷和离子减薄。双喷处理时使用液氮冷却，将温度降低至-40~-30℃，电流为 40~50mA。双喷液为硝酸和甲醇的混合溶液，体积比为 1:4，双喷后将样品用滤纸吸干，然后再真空处理防止氧化。

本试验中采用 X 射线衍射仪测试目的是获得合金在不同时效状态下的位错密度，使用测得合金的衍射图谱，可以计算出合金的位错密度。样品的制备过程：将样品用不同型号的砂纸磨抛至两表面光滑平整。试验条件为：扫描角度为 10°~100°，扫描速度为 1°/min；靶材为铜靶；加速电压为 40kV；灯丝电流为 30mA。

3.2.2 Cu-Cr-Ti 合金微观组织演化

Zhang 等人[1]研究发现 Cu-0.61Cr-0.11Ti 合金在 400℃/8h 时效后，基体中同时存在方形和球形析出相粒子。对 80% 冷变形率的 Cu-0.46Cr 和 Cu-0.45Cr-0.28Ti 合金在 450℃/4h 进行时效处理，图 3-4 为合金峰时效态的微观组织，通过透射电子显微镜观察到 Cu-0.45Cr-0.28Ti 合金基体中同样存在着方形粒子和球状粒子。

图 3-4（a）和（e）分别为 Cu-0.46Cr 和 Cu-0.45Cr-0.28Ti 合金的峰时效微观组织明场相，对比发现加入 Ti 元素后，Cu-0.45Cr-0.28Ti 合金基体中的位错密度同样明显高于 Cu-0.46Cr 合金，图 3-4（e）中基体的位错缠结更加明显。图 3-4（b）中 Cu-0.46Cr 合金的 Cr 析出相形貌为椭球状；图 3-4（f）中发现了 Cu-0.45Cr-0.28Ti 合金中存在球状粒子和方形粒子，粒子尺寸在 8~10nm。图 3-4（d）和（h）为两种合金析出相粒子区域经过快速傅里叶逆转换（FFT）后图像，发现在析出相与基体界面处存在有少量的刃型位错。经过对图 3-4（c）和（g）两种合金的衍射斑点测量计算得出 Cr 析出相和基体的晶格常数，根据式（3-1）计算得到析出相与基体的错配度[2]：

$$\delta = \frac{\alpha_p - \alpha}{\alpha} \tag{3-1}$$

式中　δ——析出相与基体间的错配度；

　α_p，α——析出相和基体的晶格常数。

通过式（3-1）计算得到 Cu-0.46Cr 和 Cu-0.45Cr-0.28Ti 合金中析出相与基体的错配度分别为 5.1% 和 6.4%，相界面类型均为半共格界面。

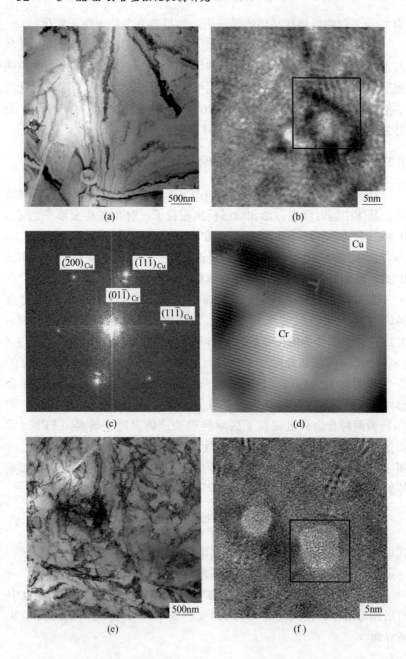

(a)

(b)

$(\bar{2}00)_{Cu}$ $(\bar{1}1\bar{1})_{Cu}$

$(01\bar{1})_{Cr}$

$(11\bar{1})_{Cu}$

(c)

Cu

Cr

(d)

(e)

(f)

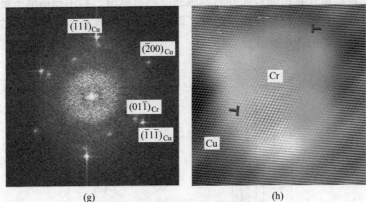

(g)   (h)

图 3-4   合金峰时效态的微观组织

(红色方框对应的 FFT 及 HRTEM 反傅里叶像)

(a) ~ (d) Cu-0.46Cr 合金；(e) ~ (h) Cu-0.45Cr-0.28Ti 合金

　　透射电镜可以从微观组织角度观察 Cu-Cr 和 Cu-Cr-Ti 合金变形组织时效后的位错密度变化，为了定量确定 Cu-0.46Cr 和 Cu-0.45Cr-0.28Ti 合金在时效处理前后位错密度值的变化，采用 X 射线衍射技术对冷轧态和时效态得合金进行分析，根据 Williamson 公式[3] 计算出各个状态下合金试样的位错密度。图 3-5 为两种合金在冷轧态和时效态的 XRD 衍射图。

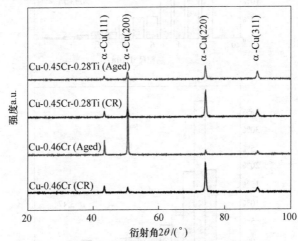

图 3-5　Cu-0.46Cr 和 Cu-0.45Cr-0.28Ti 合金冷轧态和时效态的 XRD

　　为定量计算出晶粒尺寸对屈服强度的贡献值，利用扫描电子显微镜携带的背散射衍射仪测量统计了两种合金在冷轧态和峰时效态的晶粒尺寸，如图 3-6 所示。

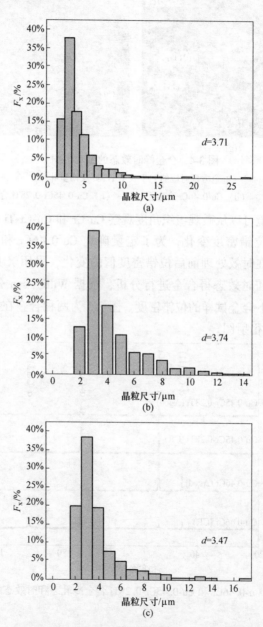

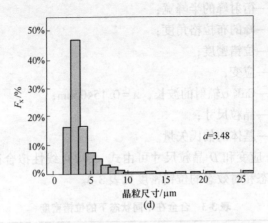

图 3-6 合金冷轧态和时效态晶粒尺寸分布
(a) Cu-0.46Cr 合金冷轧态；(b) Cu-0.46Cr 合金时效态；
(c) Cu-0.45Cr-0.28Ti 合金冷轧态；(d) Cu-0.45Cr-0.28Ti 合金时效态

在图 3-6 (a) 中，Cu-0.46Cr 合金冷轧态和时效态的晶粒尺寸主要集中在 1~5μm，时效后 5~10μm 的晶粒尺寸比例较冷轧态有所增加且晶粒尺寸更集中；图 3-6 (d) 中，Cu-0.45Cr-0.28Ti 合金时效后在 2~3μm 的晶粒尺寸达 46.7%，主要由冷轧态 1~2μm 尺寸的晶粒长大而成。两种合金时效后晶粒尺寸较冷轧态都略有增大，但增大幅度不高。

3.3 Cu-Cr-Ti 合金的强化机制

3.3.1 位错密度对合金强化的影响

采用 Williamson 提出的利用 XRD 衍射图谱计算得到位错密度 ρ，得出不同状态下合金的位错密度。

$$\beta\cos\theta = \frac{K\lambda}{D} + (4\sin\theta)\varepsilon \qquad (3-2)$$

$$\rho = 2\sqrt{3}\,\frac{\varepsilon}{Db} \qquad (3-3)$$

式中　β——衍射峰的半峰宽；

　　　θ——峰的布拉格角度；

　　　ρ——位错密度；

　　　ε——应变；

　　　λ——CuK α 辐射的波长，$\lambda = 0.15405$nm；

　　　D——晶粒尺寸；

　　　b——基体的伯氏矢量。

其中，ε 应变和 D 晶粒尺寸可由式（3-2）线性拟合得到。两种合金在冷轧态和时效态的位错密度见表 3-3。

表 3-3　合金在不同状态下的位错密度

合金成分	冷轧态/m^{-2}	时效态/m^{-2}
Cu-0.46Cr	4.07×10^{14}	1.19×10^{14}
Cu-0.45Cr-0.28Ti	4.11×10^{14}	3.50×10^{14}

从表 3-3 中可以得出，两种合金在冷轧状态下的位错密度相差不大，表明两种合金冷变形引入位错的效果大致相同，冷变形不是位错密度差异的原因。而在时效后，Cu-0.46Cr 合金的位错密度下降非常明显，位错密度下降了 71%，而 Cu-0.45Cr-0.28Ti 合金在时效后的位错密度仅下降 15%。合金时效后的位错密度大小受多种因素影响，析出相和晶界可以阻碍位错运动使基体中产生位错塞积；固溶原子对产生的晶格畸变对位错同样有阻碍作用。

Cu-0.45Cr-0.28Ti 合金峰时效状态的析出相尺寸为 8.3nm，而 Cu-0.46Cr 合金的析出相尺寸更大（为 10.6nm）。更细小的析出相意味着基体中的析出相密度更高，对位错运动的阻碍能力更强。

位错密度对合金屈服强度的增量可以用 Bailey-Hirsch 公式[4]计算：

$$\Delta\sigma_{\text{dis}} = M\alpha Gb\rho^{\frac{1}{2}} \tag{3-4}$$

式中　M——Taylor 因子；

　　　α——常数，纯铜中取 0.3；

G——基体剪切模量；

b——伯氏矢量。

代入合金位错密度计算得到相应的屈服强度增量见表 3-4。由表 3-4 可知，Cu-0.46Cr 和 Cu-0.45Cr-0.28Ti 合金在峰时效状态的位错强度增量差距十分明显，分别为 115.2 MPa 和 198.1 MPa，可以确定位错密度的不同是导致两种合金屈服强度差异的原因之一。

表 3-4　Cu-0.46Cr 和 Cu-0.45Cr-0.28Ti 合金冷轧态和时效态位错密度及屈服强度增量

合金	状态	位错密度/m^{-2}	强化增量/MPa
Cu-0.46Cr	冷轧态	4.068×10^{14}	213.4
	时效态	1.185×10^{14}	115.2
Cu-0.45Cr-0.28Ti	冷轧态	4.106×10^{14}	214.4
	时效态	3.504×10^{14}	198.1

3.3.2　晶粒尺寸对合金强化的影响

由 Hall-petch 关系[5,6]计算晶粒尺寸对合金屈服强度的贡献值：

$$\Delta\sigma_{hp} = \sigma_0 + kd^{-\frac{1}{2}} \tag{3-5}$$

式中　k——Hall-Petch 常数 0.15；

σ_0——外加应力以外，位错运动时受到的阻力，取 20MPa；

d——晶粒尺寸。

晶粒尺寸对合金屈服强度的增量见表 3-5。由表 3-5 可知，Cu-0.46Cr 合金在冷轧态和时效态的晶粒尺寸分别为 3.71μm 和 3.74μm；Cu-0.45Cr-0.28Ti 合金冷轧态和时效态的晶粒尺寸分别为 3.47μm 和 3.48μm。两种合金在时效处理后的晶粒尺寸与冷轧态基本相同，表明时效后合金并未发生大范围的再结晶现象，主要以回复为主；合金基体中发生了部分再结晶，对合金平均晶粒尺寸的影响较小。计算 Cu-Cr 和 Cu-Cr-Ti 合金合金晶粒尺寸贡献的强度值，发现两种状态下的屈服增量基本一致，说明时效前后平均晶粒尺寸的变化不是导致两种合金峰时效屈服强度产生差异的原因。

表 3-5   Cu-0. 46Cr 和 Cu-0. 45Cr-0. 28Ti 合金冷轧态
和时效态的晶粒尺寸强度增量

合金	状态	晶粒尺寸/μm	强化增量/MPa
Cu-0. 46Cr	冷轧态	3. 71	97. 9
	时效态	3. 74	97. 6
Cu-0. 45Cr-0. 28Ti	冷轧态	3. 47	100. 5
	时效态	3. 48	100. 4

3.3.3   合金的固溶强化

合金在峰时效状态，可以认为基体中的 Cr 原子全部形成析出相。图 3-7 为 Cu-Cr 和 Cu-Cr-Ti 合金电导率随时效时间的变化曲线。对比图 3-7（a）和（b）可以发现，Cu-0. 45Cr-0. 28Ti 合金时效后的最大电导率明显低于 Cu-0. 46Cr 合金，证明 Ti 元素在时效后仍固溶在 Cu-Cr-Ti 合金的基体中。固溶在基体中的溶质原子使合金产生了晶格畸变，增加了对电子的散射作用，导致合金的电导率降低。

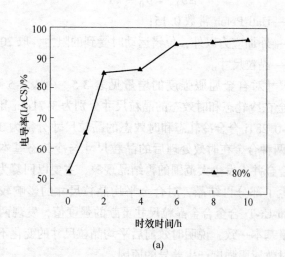

(a)

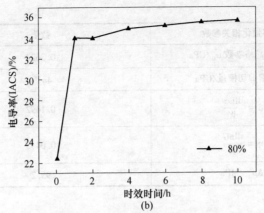

图 3-7 合金 80%变形量下电导率随时效时间变化曲线

(a) Cu-0.46Cr; (b) Cu-0.45Cr-0.28Ti

峰时效后的 Cu-0.45Cr-0.28Ti 合金中的固溶强化主要由 Ti 元素贡献。Cu-0.45Cr-0.28Ti 合金中 Ti 的原子百分比为 0.37%。Ti 原子的固溶强化可由 Fleischer 关系[7]得到：

$$\Delta\sigma_{ss} = G\left(|\delta| + \frac{1}{20}|\eta|\right)^{\frac{3}{2}}\sqrt{\frac{\chi_a}{3}}$$

$$\delta = \frac{\mathrm{d}\ln\alpha}{\mathrm{d}\chi} = \frac{1}{\alpha}\frac{\mathrm{d}\alpha}{\mathrm{d}x} \tag{3-6}$$

$$\eta = \frac{\mathrm{d}\ln G}{\mathrm{d}\chi} = \frac{\mathrm{d}G}{\mathrm{d}\chi}$$

式中 δ——合金晶格变化相关的参数；

γ——合金剪切模量变化相关的参数；

χ_a——溶质原子在合金基体中的原子百分比。

计算固溶强化各参数数值见表 3-6，固溶强化后合金强度上升 95.2MPa。

表 3-6 Ti 元素在 Cu-0.45Cr-0.28Ti 合金的固溶强化

固溶强化相关参数	数值
Ti 元素原子分数 χ_a/%	0.37
Cu 基体的晶格参数 α_{Cu}/nm	0.3620[7]

固溶强化相关参数	数值
固溶体晶格参数 α_0/GPa	0.3622
Ti 元素剪切模量/GPa	44[8]
$\delta = \dfrac{\text{dln}\alpha}{\text{d}X}$	0.1492
$\eta = \dfrac{\text{dln}G}{\text{d}X}$	0.0435
$\Delta\sigma_{ss}$/MPa	95.2

3.3.4 析出相强化对合金强度的影响

析出相粒子与位错的交互作用是研究析出强化型合金最为核心的问题，在 Cu-Cr 系合金的时效过程中，固溶的 Cr 原子会析出成为细小的纳米 Cr 粒子。细小弥散的析出相粒子能使合金获得良好的性能。在受到外加应力的情况下，位错在滑移面上运动与析出相接触而产生交互作用。析出相粒子自身的性质和与基体晶体结构的位向关系都会对析出相与位错的交互作用产生影响。按照位错通过析出相方式的不同，可以分为以下两种情况。

第一种是析出相粒子不能被位错所切割，粒子不因基体中位错运动而随基体一同受剪切作用。位错在外加应力的作用下将沿着析出相发生弯曲并绕过粒子，即 Orowan 强化机制。当刃型位错引入析出相与基体间界面时，产生的线性畸变会补偿因基体和粒子间原子间距不同所引起的错配并消除共格应变，界面更加稳定，原为共格界面将变为半共格和非共格界面。

第二种情况是粒子对于位错是可以渗透的，析出相粒子可以与基体一同受到位错的剪切或是切割作用，被切割后的析出现粒子形貌发生变化，增大了析出相与基体的界面能。这种情况的发生一般需要析出相与基体为共格界面，错配度低且析出相粒子尺寸小，一般小于 10nm[9]。

当析出相粒子尺寸很小且与基体为共格界面时，析出相的强化主

要为共格应变强化 (CS)。一般情况下，粒子都是被一个弹性应变场包围，这是由于共格界面上基体和析出相原子尺寸不同所致。粒子周围的应变场会与位错发生交互作用，可以排斥位错也可以吸引位错。这种情况下，位错要脱离粒子的束缚，需要一个最大的作用力克服交互作用力，这是共格应变强化的本质。共格应变强化可用下式表示[2,10]：

$$\Delta\sigma_{cs} = MXG\varepsilon\left(\frac{2rf\varepsilon}{b}\right)^{\frac{1}{2}} \tag{3-7}$$

$$\varepsilon = \delta\left[1 + \frac{2G(1-2v_p)}{G_p(1+v_p)}\right] \tag{3-8}$$

式中 M——Taylor 因子，$M=3.06$；

     X——常量，$X=2.6$；

     δ——基体和析出相的错配度；

     ε——错配应变常数，正比于错配度；

     p——析出相相关参数，$v_p=0.21$；

     G_p——115MPa；

     G——基体剪切模量，$G=46$MPa。

对于析出相尺寸较大，且与基体界面为半共格或非共格的情况，其强化方式一般为 Orowan 强化，即位错运动受析出相阻碍而产生弯曲且析出相没有形态变化。式 (3-9) 是 Orowan[11] 提出的硬质粒子强化关系：

$$\Delta\tau = \frac{Gb}{L} \tag{3-9}$$

式中 L——析出相粒子间距；

     b——柏氏矢量。

式 (3-9) 给出了析出相间距和屈服强度的关系，显然式 (3-9) 中引入影响析出相强化的参数并不完全。Ashby[12] 指出，可以通过位错的线张力来进行更精确的计算，包括在粒子的每一侧弯曲弓出的位错相互产生的影响。

经修正后的 Ashby-Orowan 方程[12] 为：

$$\Delta\tau = 0.84\left(\frac{1.2Gb}{2\pi L}\right)\ln\left(\frac{x}{2b}\right) \tag{3-10}$$

式（3-11）更精确描述了析出相强化。近年来，随着对析出强化型合金研究的深入，Orowan 强化关系（OS）考虑了更多因素，引入了更多的参数，强化关系进一步完善[7]：

$$\Delta\sigma_{os} = \frac{0.81Gb}{2\pi\,(1-\nu)^{\frac{1}{2}}}\,\frac{\ln(2r/b)}{\lambda - 2r} \tag{3-11}$$

$$\lambda = r\left[\left(\frac{2\pi}{3f}\right)^{\frac{1}{2}} - 1.63\right] \tag{3-12}$$

式中 ν ——基体的 Poisson 比；

r ——析出相平均半径（Cu-0.46Cr 和 Cu-0.45Cr-0.28Ti 合金析出相平均半径分别为 10.6nm 和 8.3nm）；

f ——析出相体积分数 0.60%；

λ ——析出相间的平均晶面间距，用式（3-12）表示，与基体中析出相的密度有关。

为确定本章中 Cu-0.46Cr 和 Cu-0.45Cr-0.28Ti 合金时效后是何种强化方式起主导作用，代入两种合金参数，以 Cu-0.46Cr 合金 450℃/4h 时效后的 5.1%错配度来计算，共格强化和 Orowan 强化的关系如图 3-8 所示。

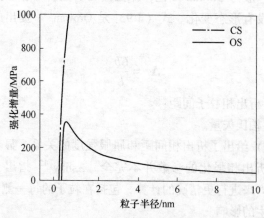

图 3-8 Cu-0.46Cr 合金析出相尺寸与共格强化和 Orowan 强化的关系

由图3-8可知，在任意析出相尺寸下，共格应变应力都大于位错绕过所需应力。在时效初期，当析出相尺寸小时，合金以共格强化为主，而Orowan机制适用于长大粗化后的大尺寸粒子。但由于Cu-0.46Cr和Cu-0.45Cr-0.28Ti合金中析出相与基体界面错配度很大（分别为5.1%和6.4%），导致析出相在小尺寸时的共格强化数值也远大于Orowan强化增量，表明在此状态下，合金析出相的强化方式以Orowan绕过机制为主。

位错的本质是错排的原子，位错的运动实质上是原子在基体中的移动。当析出相与基体间呈共格界面时，界面上由于原子尺寸不同而产生的畸变能小，位错原子容易通过界面，表现为共格强化；而当界面为半共格或是非共格时，位错原子受析出相周围应力场的影响，不能剪切粒子，位错在外加应力下产生弯曲，表现为Orowan强化。

由式（3-7）和式（3-11）计算得到Cu-0.46Cr和Cu-0.45Cr-0.28Ti合金的析出相强化增量分别为87MPa和103.9MPa。

3.3.5 合金的屈服强度

合金的屈服强度的计算公式为：

$$\sigma_y = \Delta\sigma_{hp} + \Delta\sigma_{ss} + \Delta\sigma_{os} + \Delta\sigma_{dis} \tag{3-13}$$

Cu-0.46Cr和Cu-0.45Cr-0.28Ti合金的理论计算屈服强度分别为299.9MPa和497.6MPa，与拉伸试验所测得的278MPa和503MPa符合程度较好。

参 考 文 献

［1］ Zhang J B, Liu Y, Cai W, et al. Morphology of Precipitates in Cu-Cr-Ti Alloys：Spherical or Cubic? ［J］. Journal of Electronic Materials, 2016, 45（10）：4726-4729.

［2］ Ardell A J, Precipitationhardening ［J］. 1985, 16A：2131-2165.

［3］ Williamson G K, Hall W H. X-ray line broadening from filed aluminium and wolfram ［J］. Acta Metall. Sin, 1953, 1：22-31.

［4］ Wang S C, Zhu Z, Starink M J. Estimation of dislocation densities in cold rolled Al-Mg-Cu-Mn alloys by combination of yield strength data, EBSD and strength models ［J］. J. Microsc, 2005, 217：174-178.

[5] Hall E O. The deformation and ageing of mild steel: II characteristics of the Lüders deformation [J]. Proc. Phys. Soc, 1951, 64: 742-747.

[6] Ptech N J. The cleavage strength of polycrystals [M]. J. Iron. Steel Inst, 1953.

[7] Freudenberger J, Lyubimova J, Gaganov A, et al. Non-destructive pulsed field CuAg-solenoids [J]. Mater. Sci. Eng. A, 2010, 527: 2004-2013.

[8] Rohsenow W M, Hartnett J P, Cho Y I. Handbook ofheat transfer [M]. 3rd ed, McGraw-Hill: New York, NY, USA, 1998.

[9] 雍岐龙. 钢铁材料中的第二相 [M]. 北京: 冶金工业出版社, 2006.

[10] Smallman R E, A. H. W. Nagn, Physical Metallurgy and Advanced Materials Engineering, 7th ed [M]. Physical Metallurgy & Advanced Metarials, 2007, 395-397.

[11] Orowan E. Internal stress in metals and alloys [M]. London: The Institute of Metals, 1948.

[12] Ashby M F. Oxide dispersion strengthening [M]. New York: Gordon and Breach, 1958.

4 Cu-Cr-Ti 合金高温软化性能

位错和晶界等微观晶体缺陷的存在和运动很大程度上影响着金属和合金材料的力学性能，这些缺陷间复杂的相互作用是合金发生硬化行为的主要原因。固定的晶体缺陷（如析出相和林错位、晶界共同作用）抑制了位错的运动。析出相强化是一种有效的机制，可以提高金属合金的强度和硬化性能[1]。合理控制尺寸、形状和分布的第二相强化方式是除细晶强化外对合金材料综合性能提升最好的强化方式。合金在时效过程中析出的第二相粒子的形态和尺寸会随着时效时间而发生变化，进而影响合金性能。析出相的强化效果依赖于析出相强度、尺寸、形貌及其分布状态。

时效初期由于界面能和溶质偏聚，第二相优先在基体的晶界和相界处发生非均匀形核。当析出相的体积分数较大时，可能以网片状或薄膜状依附在晶界上；体积分数小时，粒子通常呈球形，沿晶界链状分布或不连续分布。沿晶界分布的粒子在塑性变形中易产生应力集中，导致晶界开裂。时效过程中，基体内的各种缺陷（如位错），一般为析出相的主要形核位置，在经过大塑性变形后，高密度的位错能给析出相提供形核位置，析出相分布一般较均匀。析出相与位错的交互作用与粒子的强度有关，在含有可切过和不可切过的球形析出相粒子体系中，随析出相强度的下降，位错与析出相从不可切过向可切过转变，强化系数值逐渐减小。Cu-Cr 合金中的 Cr 相析出粒子为硬质粒子，一般在合金塑性变形过程中形状也不发生改变，对位错运动有较好的阻碍作用[2]。

当第二相在基体中析出，初始析出的第二相一般与基体间界面关系为共格或半共格。析出相与基体间的界面能具有方向性，在不同方向上的界面能可能不同，为降低总的界面能，第二相粒子需要有相应的形状相匹配。第二相粒子若随时效时间延长仍与基体保持共格或半共格位向关系，析出相形态一般不会发生改变。当共格或半共格关系被破坏后，界面能将趋于同性，粒子形态趋向于球状或椭球状[3]。许多研究都表明 Orowan 绕过应力对析出相大小、形状和方向的依赖性[4]。

在合金时效析出初期，析出相的尺寸较小且为减少表面能形态通常呈球状。加入的第三组元原子与 Cr 原子在基体中扩散速度的不同和在时效过程中偏聚在粒子表面或内部都会对第二相粒子的形态和长大速度产生影响。通过观察 Cu-Cr 和 Cu-Cr-Ti 合金在不同时效时间下，基体中析出相的尺寸变化和形态演变规律及对应的合金性能，进一步分析了两种合金软化性能差异的原因。

4.1　Cu-Cr 和 Cu-Cr-Ti 合金的高温软化性能

根据《铜及铜合金软化温度的测定方法》（GB/T 33370—2016）[5]，铜及铜合金材料保温 1h 后出炉，自然冷却至室温，其硬度下降到原始硬度的 80% 时所对应的保温温度即为软化温度。为了得到合金不同变形量下的软化温度，先将合金在 450℃ 保温 4h 达到峰时效后冷却至室温，测得最大硬度值；再将合金置于更高的温度下（470℃、490℃、510℃、530℃、550℃、570℃、590℃、610℃、630℃）时效 1h，测得硬度值。当硬度值下降到峰时效态硬度的 80% 时，对应温度即为合金的软化温度。

图 4-1 为合金的高温时效硬度变化曲线。如图 4-1（a）所示，在 Cu-0.46Cr 合金中，80% 变形量试样的时效硬度下降幅度最大，而 20% 变形量试样时效硬度下降较为平缓，与 450℃ 等温时效硬度趋势一致。大的冷变形导致合金中具有高的位错密度、小尺寸的晶粒，对合金的强度有利。但同时，大变形产生的畸变能可以为合金在时效过程中对回复、再结晶提供驱动力，所以合金在大变形量下的时效硬度值下降更剧烈。在图 4-1（b）和（c）中，加入 Ti 元素后的合金硬度下降程度在不同变形量下没有明显的区别，大变形量冷轧后的试样在时效处理后仍有良好的抗高温软化性能，表明 Ti 元素的加入提高了 Cu-Cr 合金的高温软化性能。

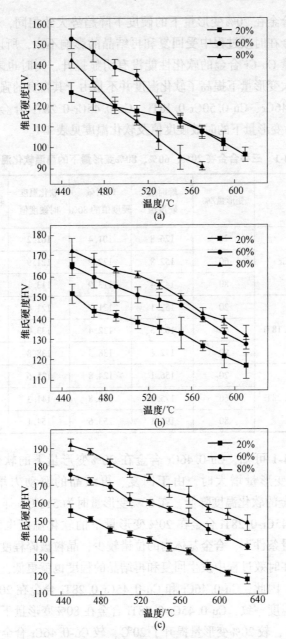

图 4-1 合金高温软化温度曲线
(a) Cu-0.46Cr; (b) Cu-0.50Cr-0.18Ti; (c) Cu-0.45Cr-0.28Ti

三种合金在 20%变形量下的硬度下降趋势大致相同，在小变形量下，合金在时效过程中受回复和再结晶的影响不大，所以 Ti 元素对低变形量 Cu-Cr 合金的软化性能没有明显提升，同时也表明 Ti 元素在合金大变形量下提高了软化温度并不是由于其自身的强化作用。

Cu-0.46Cr、Cu-0.50Cr-0.18Ti、Cu-0.45Cr-0.28Ti 合金在 20%、60%、80%变形量下的时效硬度值及软化温度见表 4-1。

表 4-1   三种合金在 20%、60%、80%变形量下的高温软化温度

合金	变形量/%	峰时效硬度值	峰时效硬度值的 80%	软化温度时硬度值	软化温度/℃
Cu-0.46Cr	20	126.8	101.4	102.2	590
	60	152.8	122.2	121.9	530
	80	142.4	113.9	113.1	510
Cu-0.50Cr-0.18Ti	20	152.1	121.7	121.4	590
	60	165.5	132.4	133.0	590
	80	172.8	138.3	138.8	590
Cu-0.45Cr-0.28Ti	20	156.1	124.8	125.6	590
	60	175.9	140.8	141.3	610
	80	192.1	153.6	154.1	610

由表 4-1 可知，Cu-0.46Cr 合金在 20%变形量下的软化温度为 590℃，当变形量增大时，由于回复、再结晶的驱动力增大，Cu-0.46Cr 合金的软化温度降低，在 80%变形量时为 510℃，下降十分明显。Cu-0.45Cr-0.28Ti 合金在 20%变形量下的软化温度也为 590℃，在低变形量条件下，合金基体内的位错较少，晶粒破碎程度不高，畸变能低，在时效过程中发生回复和再结晶的程度也就更低，时效硬度下降平缓，因此，Cu-0.46Cr 和 Cu-0.45Cr-0.28Ti 合金在 20%变形量下的软化温度一致；Cu-0.45Cr-0.28Ti 合金在 80%变形量下的软化温度为 610℃，较 20%变形量提升了 20℃，较 Cu-0.46Cr 合金 80%变形量提升了 100℃，因此证明了 Ti 元素能显著提高 Cu-Cr 合金的软化温

度，进一步通过观察分析合金微观组织和计算来研究加入 Ti 元素后软化温度提升的机理。

4.2 Cu-Cr-Ti 合金软化过程组织演化

4.2.1 Cu-Cr-Ti 合金在软化温度处的微观组织

为探究 Cu-Cr 和 Cu-Cr-Ti 合金在大变形量下软化温度有明显差异的原因，对峰时效态的 80%冷变形量 Cu-0.46Cr 和 Cu-0.45Cr-0.28Ti 合金在 510℃、610℃软化温度下保温 1h 的合金组织进行分析。

图 4-2 为两种合金的透射电镜明场像和高分辨图像（HRTEM）。在图 4-2（a）中，Cu-0.46Cr 合金在 510℃时效 1h 后，基体内无明显可见的位错壁和位错缠结，合金发生了回复，基体内位错少且可以观察到明显的晶界。图 4-2（b）中，同样在 510℃时效处理 1h，Cu-0.45Cr-0.28Ti 合金基体中存在着大量位错，位错密度高且形成了位错壁，表明合金同样发生了回复但程度较低，基体仍保有高的位错密度；晶界模糊，难以分辨出晶粒及晶界，表明合金仍保持为冷加工态组织；图 4-2（c）中，Cu-0.45Cr-0.28Ti 合金在 610℃时效 1h 后，基体仍有大量位错缠结且位错密度高于图 4-2（a）中的 Cu-Cr 合金，部分晶粒有长大现象表明合金发生了不连续再结晶。

图 4-2（d）、（e）和（f）为合金基体与 Cr 析出相的衍射斑点图，分析两种合金在不同时效条件下的衍射花样，发现 Cr 析出相的晶体结构均为 fcc，与 Cu 基体相同。对比观察图 4-2（g）、（h）和（i）可以发现，Cu-0.46Cr 合金中析出相为球状，统计其平均尺寸为 15.9nm；Cu-0.45Cr-0.28Ti 合金在 510℃和 610℃时效后，析出相形态呈现为球状或棒状，平均尺寸分别为 8.6nm 和 11.2nm。

为进一步确定合金基体中析出相成分，对合金中的析出相中心、析出相与基体界面和基体做 EDS 点测分析，结果见表 4-2。测试数据表明，在 Cr 粒子中心处的 Cr 元素含量最高，而析出相边缘和基体中的 Cr 元素含量迅速下降，因此可以确定析出相为 Cr 粒子。

对比两种合金的微观组织发现，Cu-Cr 合金在软化温度处组织中

位错密度低且晶粒粗大；在相同的时效处理条件下，Cu-0. 45Cr-
0. 28Ti 合金基体中有着更高的位错密度和加工态组织，同时 Cr 析出
相粒子平均尺寸更小；Cu-0. 45Cr-0. 28Ti 合金在软化温度处的组织中
仍然保有高的位错密度，基体中发生了不连续再结晶，部分晶粒长
大。表明 Ti 元素的添加在一定程度上抑制了 Cu-Cr-Ti 合金的回复、
再结晶，使得合金在冷变形后的时效过程中保持高的位错密度，在一
定程度上抑制了合金的回复、再结晶。Ti 元素的添加同样抑制了 Cu-
Cr 合金析出相长大，细小的析出相可以产生更好的强化效果。

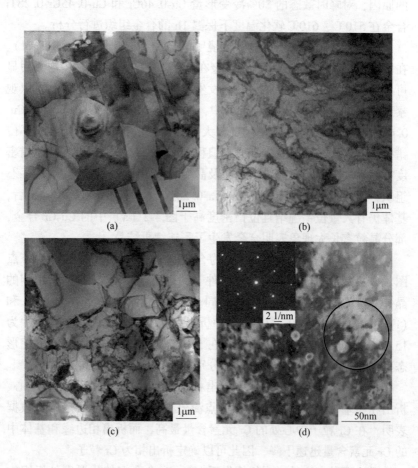

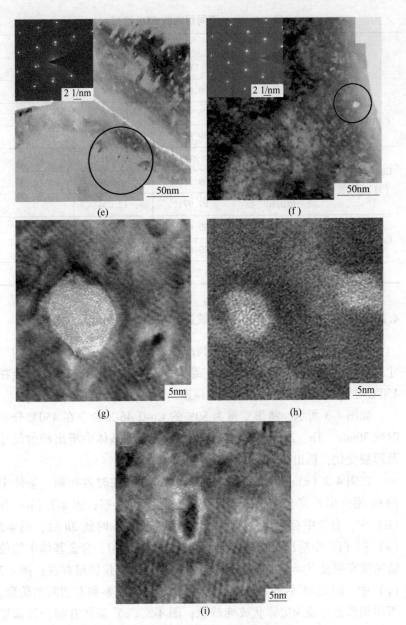

图 4-2　合金在软化温度处的微观组织
(a), (d), (g) Cu-0.46Cr 合金 510℃ 时效 1h; (b), (e), (h)
Cu-0.45Cr-0.28Ti 合金 510℃ 时效 1h; (c), (f), (i) Cu-0.45Cr-0.28Ti 合金 610℃ 时效 1h

表 4-2   合金不同组织的 EDS 数据

合金	检测组织	成分（原子百分比）/%		
		Cu	Cr	Ti
Cu-0.46Cr（510℃时效 1h）	基体	99.985	0.014	0
	析出相边界	96.175	3.824	0
	析出相中心	89.852	10.147	0
Cu-0.50Cr-0.18Ti（510℃时效 1h）	基体	100	0	0
	析出相边界	99.310	0.689	0
	析出相中心	87.973	12.026	0
Cu-0.45Cr-0.28Ti（610℃时效 1h）	基体	99.651	0.319	0.029
	析出相边界	99.619	0.232	0.113
	析出相中心	87.904	11.081	1.014

4.2.2 Cu-Cr-Ti 合金 450 ℃ 时效过程中析出相形貌及位错演变

Cu-Cr 合金在时效过程中，随着时效时间的延长，Cr 析出相的尺寸和密度会有明显的变化。Zhang 等人[6]研究表明，Cu-Cr-Ti 合金在 450℃时效可以得到最高的峰时效强度。

如图 4-3 所示，将形变量为 80% 的 Cu-0.46Cr 合金在 450℃分别时效 30min、1h、2h 和 4h，使用透射手段观察基体中析出相的尺寸及形貌变化，析出相和基体位错组织明场相。

在图 4-3（a）和（c）中，Cu-0.46Cr 合金在时效初期，基体中的 Cr 相析出不完全，析出相尺寸很小且难以观察；图 4-3（b）和（d）中，合金中有大量位错缠结，位错密度高；时效 2h 后，图 4-3（e）和（f）中析出相有略微长大且尺寸更加均匀，合金基体中的位错密度有明显下降，无大范围的位错缠结但仍有位错壁存在；图 4-3（g）中，时效 4h 后的基体中的 Cr 相粒子可以观察到有清晰的轮廓，析出相形态呈现为短棒状或椭球状；图 4-3（h）基体有部分位错壁存在，位错密度较时效初期有显著降低。

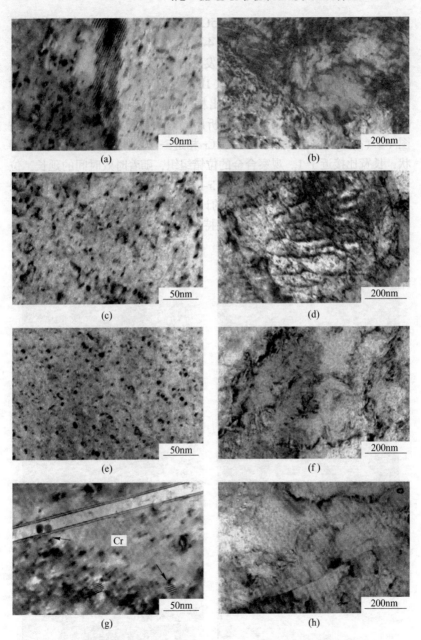

图 4-3 Cu-0.46Cr 合金在 450 ℃ 时效不同时间明场像
(a), (b) 30min; (c), (d) 1h; (e), (f) 2h; (g), (h) 4h

　　对冷变形量为 80%的 Cu-0.45Cr-0.28Ti 合金做相同的时效处理，其透射明场相如图 4-4 所示。在图 4-4（a）中，Cu-0.45Cr-0.28Ti 合金在 450℃时效 30min 后，基体中未发现有轮廓清晰的 Cr 析出相且位错密度高、位错缠结十分严重；时效 1h 后，图 4-4（c）中出现了细小的轮廓模糊的不完全析出 Cr 相，析出相周围同时存在大量位错；随时效时间的延长，2h 后的基体中部分析出相有明显长大且形态多为棒状；图 4-4（g）中，合金时效 4h 后，Cr 相进一步长大，形态呈现为短棒状，长宽比接近于 1。观察合金的位错组织，随着时效时间的延长，位错密度没有明显的下降。Cu-0.45Cr-0.28Ti 在时效 4h 后，基体中仍保有大量位错，这同样与位错密度的计算结果一致，时效处理后的高位错密度是 Cu-0.45Cr-0.28Ti 合金保持高强度、高硬度的原因之一。

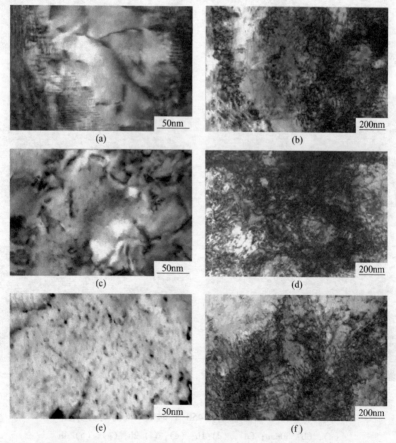

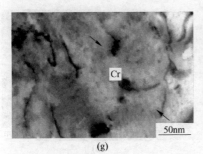
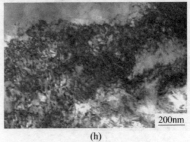

图 4-4 Cu-0.45Cr-0.28Ti 合金在 450 ℃ 时效不同时间明场像

(a), (b) 30min; (c), (d) 1h; (e), (f) 2h; (g), (h) 4h

4.2.3 Cu-Cr-Ti 合金在软化温度处时效 Cr 相形貌及位错的演变

Cu-0.46Cr 和 Cu-0.45Cr-0.28Ti 合金在 450℃ 时效 4h 后, Cr 析出相的平均尺寸分别为 10.6nm 和 8.3nm。在达到各自的软化温度时, Cu-0.46Cr 和 Cu-0.45Cr-0.28Ti 合金中 Cr 析出相的平均尺寸分别为 15.9nm 和 11.2nm。两种合金在峰时效到软化温度过程中, Cr 析出相的尺寸变化十分明显, 分别对冷变形量为 80% 的两种合金在软化温度处做不同时间的时效处理。峰时效态的 Cu-0.46Cr 合金和 Cu-0.45Cr-0.28Ti 合金分别在 510℃ 和 610℃ 时效 15min、30min、45min 和 60min。采用透射电子显微镜观察合金微观组织和析出相形貌尺寸变化, 如图 4-5 和图 4-6 所示。

图 4-5 (a) 中, Cu-0.46Cr 合金在时效 15min 后, 基体有少量的 Cr 析出相粗化, 但整体尺寸细小、分布均匀; 时效 30min 后, 图 4-5 (c) 中的 Cr 相形态多为球状或椭球状且析出相周围有少量位错存在; 时效 45min 后, 图 4-5 (e) 中的 Cr 粒子进一步长大, 部分粗化的析出相形态呈现为明显的球状, 还有部分 Cr 相由于衬度呈现为马蹄状; 图 4-5 (g) 中, 合金在时效 60min 后, 基体中的析出相均发生粗化, 形态基本呈球状。Cu-0.46Cr 合金在时效 15min 时, 基体有部分位错壁。随时效时间的延长, 时效 30min 后的析出相附近还存在部分位错; 时效 45min 后, 基体中已经没有明显的位错缠结和位错壁。

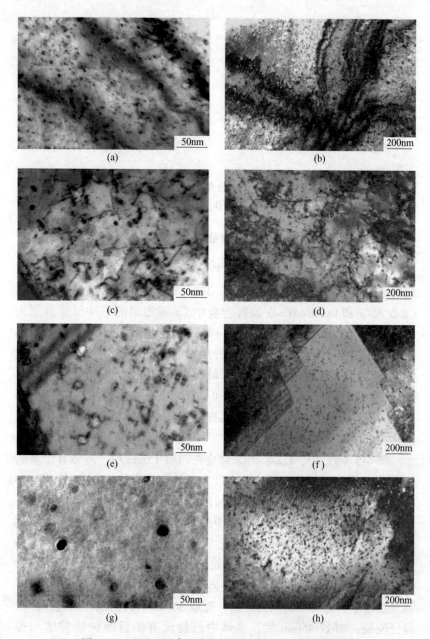

图 4-5   Cu-0.46Cr 合金在 510 ℃ 时效不同时间明场像
(a), (b) 15min; (c), (d) 30min; (e), (f) 45min; (g), (h) 60min

与 Cu-0.46Cr 合金不同，在图 4-6（a）中，Cu-0.45Cr0.28Ti 合金中的 Cr 析出相尺寸细小且分布在位错附近，析出相形貌多为椭球形且在图 4-6（b）中，基体有大量位错缠结。在图 4-6（c）中可以看到明显的呈短棒状的 Cr 析出相，进一步延长时效时间，在图 4-6（e）中，合金在 610℃时效 45min 后，析出相有球化趋势，长宽比接近于 1。在软化温度 610℃时效 1h 时，图 4-6（g）中的 Cr 粒子为明显的球状，析出相基本球化。时效 15min 和 30min 时，基体的位错密

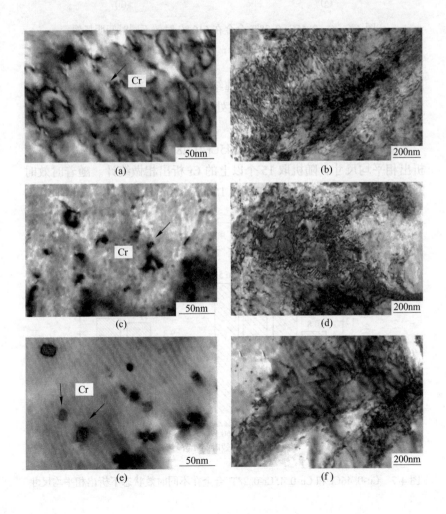

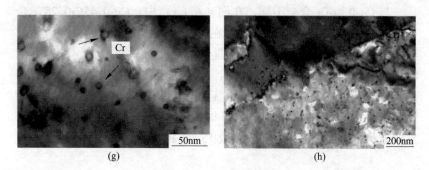

图 4-6   Cu-0. 45Cr-0. 28Ti 合金在 610 ℃ 时效不同时间明场像

(a), (b) 15min; (c), (d) 30min; (e), (f) 45min; (g), (h) 60min

度变化不明显, 均有大量的位错缠结; 时效 45min 后, 基体中只有部分区域存在大量位错, 60min 时效处理后, 合金基体中位错较少且析出相周围没有位错。

图 4-7 为 Cu-0. 46Cr 和 Cu-0. 45Cr-0. 28Ti 合金在不同时效状态下析出相平均尺寸, 随机取 15 个以上的 Cr 析出相做统计。随着时效时间的延长, Cu-0. 46Cr 合金在时效 15min、30min 和时效 45min 时, Cr

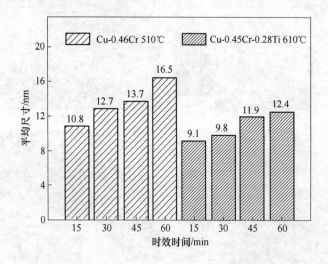

图 4-7   Cu-0. 46Cr 和 Cu-0. 45Cr-0. 28Ti 合金在不同时效状态下析出相平均尺寸

析出相尺寸增长稳定；时效 60min 后，析出相尺寸有明显增大，平均尺寸为 16.5nm。

Cu-0.45Cr-0.28Ti 合金中 Cr 粒子平均尺寸由时效 15min 的 9.1nm 增加到时效 30min 的 9.8nm，析出相长大不明显；而在时效 45min 后，Cr 粒子的平均尺寸为 11.9nm，有明显长大；时效 60min 后，粒子平均尺寸为 12.4nm。

合金基体中的位错密度下降，Cr 析出相长大并发生球化是 Cu-0.46Cr 和 Cu-0.45Cr-0.28Ti 合金发生软化的主要原因。高温时效使 Cr 相粗化长大，对位错的钉扎作用下降，合金发生回复，位错密度进一步降低，导致位错强化和析出相强化效果下降。

4.3 析出相形貌对合金强度的影响机理

如图 4-8 所示，位错运动被一排硬质的、不可切过的析出相所限制。在外加应力作用下，析出相与运动的位错接触并且位错发生弯曲。用析出物宽度 D 和相邻析出物间距 L 来描述位错受阻弯曲应力。

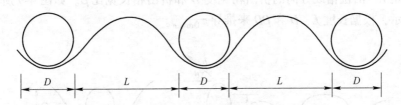

图 4-8　位错运动受析出相阻碍后弯曲示意图

随着外加应力的增加，位错在析出相之间的弯曲程度进一步增大。在临界应力下，位错达到临界弯曲形状，每个析出相相对侧的位错段都相互吸引，环绕着析出相产生了位错环。Bacon 等人[7]提出了基于析出物宽度 D 和相邻析出物间距 L 与 Orowan 绕过应力 τ_{Orowan} 的经验公式：

$$\tau_{BKS} = \frac{Gb}{2\pi L} A(\ln K + B) \tag{4-1}$$

式中　G——基体的剪切模量；

　　　b——基体的伯氏矢量；

　　　K——D 和 L 的调和平均数，$K = \left(\dfrac{1}{D} + \dfrac{1}{L} \right)^{-1}$；

　　　A——假设值，刃形位错为 1，螺形位错为 $1 - \nu$；

　　　ν——基体泊松比；

　　　B——常数，$B = 0.7$。

　　调和平均数 K 的作用是用来提供 D 和 L 大小关系的限制条件。当 $K \approx D$ 时，表示 D 值远大于 L；反之，当 $K \approx L$ 时，表示 L 的值远大于 D。该经验公式在计算球状析出相的 Orowan 应力时与实际值十分符合，但遗憾之处在于对非球状形貌的析出相强化增量预估不准确。

　　Takahashi 等人[8]通过分子动力学模拟了镍基合金中的 γ 析出相和位错间的交互过程并得出两者交互作用的临界切应力与析出相的形貌有关。Szajewski 等人[1]根据析出相的大小和形状来推导 Orowan 位错-析出相绕过机制各变量的比例关系。分析的独立变量是相邻析出相间距 L，沿位错线方向的析出相宽度 D 和析出相长宽比 β。如图 4-9 所示，根据长度 L、D 和 βD 来推导 τ_{Orowan}。

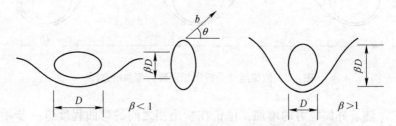

图 4-9　位错受不同长宽比的析出相粒子阻碍后弯曲示意图

θ——伯氏矢量方向与直线位错线方向所成的夹角

　　位错在弯曲时的线张力有使位错趋于直线的倾向，在 Orowan 绕过机制中，位错线张力会抑制位错产生弯曲。位错线张力通常被认为是作用在位错的单个部分上的局部量。τ_{Orowan} 和线张力 Γ 之间的关系为[1]：

$$\tau_{Orowan} = \frac{2\Gamma}{bL} \tag{4-2}$$

合金中析出相的形貌多种多样，当析出相的长宽比大于 1 时，析出相的形貌可能为椭球状、棒状、针状甚至板条状。在图 4-9 中，当 $\beta < 1$ 时，随着 β 的减小，析出相的长宽比增加。Szajewski 等人[1]模拟计算了析出相长宽比 β、析出相沿位错线宽度 D 对 τ_{Orowan} 的影响规律。结果表明，线张力 Γ 主要由析出相宽度 D 影响，与 β 的关系不强；τ_{Orowan} 随着 β 的下降而上升且相对于 β，D 对 τ_{Orowan} 的影响效果更强。在 Cu-Cr 和 Cu-Cr-Ti 合金中，Cr 粒子在时效过程中的形貌存在从棒状向球状的转变，析出相宽度 D 减小，β 增大。

Cu-Cr 合金和 Cu-Cr-Ti 合金在经过不同时效时间后，Cr 析出相的平均尺寸和粒子的长宽比均发生了改变。在 450℃ 时效，随时效时间的延长，两种合金中粒子的形态均有由短棒状或雪茄状向球状转变的趋势，Cu-0.45Cr-0.28Ti 合金中还发现了方形的析出相，粒子的长宽比接近于 1；在两种合金各自的软化温度处时效不同时间后，Cu-Cr 合金基本为球状析出相；Cu-0.45Cr-0.28Ti 合金在初期 15min、30min 时基体中还有部分棒状析出相，时效 60min 后基体中基本为球状析出相。

当 Cu-Cr 和 Cu-Cr-Ti 合金在软化温度处时效处理后，Cr 粒子的形貌基本为球形时，β 值取 1。τ_{Orowan} 可以进一步表示为：

$$\tau_{Orowan} = \left(\frac{Gb}{2\pi L}\right) A \left[\ln\left(\frac{D}{b}\right) - \frac{D}{L} \right] \tag{4-3}$$

$$A(\theta) = \frac{1 - \nu \sin^2(\theta)}{1 - \nu} \tag{4-4}$$

合金基体中相邻粒子间距为：

$$L = \left(\frac{D}{2}\right) \sqrt{\frac{\pi}{f}} \tag{4-5}$$

式中，f 为析出相体积分数；假设基体内位错类型为混合位错，$\theta = 45°$。

代入 Cu-Cr 和 Cu-Cr-Ti 合金在软化温度处理后的 Cr 相平均尺寸，计算 Cu-0.46Cr 合金在 510℃ 时效 1h 时，基体中析出相为球形时的 Orowan 应力为 50.9MPa；Cu-0.45Cr-0.28Ti 合金在 610℃ 时效 1h 时，基体中析出相为方形或球形时的 Orowan 应力为 63.0MPa；对比 Cu-0.46Cr 和 Cu-0.45Cr-0.28Ti 合金峰时效态 Cr 相的强度增量 87MPa 和 103.9MPa。Cu-0.46Cr 和 Cu-0.45Cr-0.28Ti 合金在软化温度处时效 1h 后，Cr 粒子对合金的屈服强度贡献值有明显下降，时效过程中 Cr 析出相的球化和粗化是其强化效果减弱的主要原因。

参 考 文 献

[1] Szajewski B A, Crone J C, Knap J. Analytic model for the Orowan dislocation-precipitate bypass mechanism [J]. Materialia, 2020, 11: 100617.

[2] Courtney T. Mechanical behavior of materials [M]. New York: Mcgray-Hill, 1990.

[3] Zhu B, Huang M, Li Z. Atomic level simulations of interaction between edge dislo cations and irradiation induced ellipsoidal voids in alpha-iron [J]. Nucl. Instrum. Methods Phys. Res., Sect. B, 2017, 397: 51-61.

[4] Singh C V, Warner D H. An atomistic-basedhierarchical multiscale examination of age hardening in an Al-Cu alloy [J]. Metall. Mater. Trans. A, 2013, 44: 2625-2644.

[5] GB/T 33370—2016, 铜及铜合金软化温度的测定方法 [S].

[6] Zhang P C, Jie J C, Gao Y. Effect of Ti element on microstructure and properties of Cu-Cr alloy [J]. Materials Science Forum, 2015, 817: 307-311.

[7] Bacon D J, Kocks U F, Scattergood R O. The effect of dislocation self-interaction on the Orowan stress [J]. Phil. Mag, 1973, 28: 1241-1263.

[8] Takahashi A, Terada Y. Molecular dynamics simulation of dislocation-gamma-precipitate interactions in gamma '-precipitates [M]. Fracture and Strengthen of Solid Vii, Pt1 and 2. Stafa-Zurich; Trans Tech Publication Ltd. 2011.

5 Cu-Cr-Ti(Si)合金加工软化行为

通常情况下，合金经冷加工后，组织中分布着许多位错，高密度的位错相互缠绕，使得合金的强度和硬度大大提高。然而，仅进行冷塑性变形，提高合金强度的效果有限，需要同时配合其他的强化方法，如固溶-时效-冷变形。合金经时效处理后，组织中析出的弥散强化相会对位错产生钉扎效应，阻碍合金在变形过程中发生回复和再结晶，因此时效冷变形强化是开发高强高导铜合金常见的强化方法。但有些合金在冷塑性变形中会发生回复或者再结晶，如铝合金和锌合金等在大变形量下冷轧时位错密度会降低，使得合金在冷加工中发生软化。此外变形诱导无序也会导致硅钢发生加工软化。不同合金在塑性变形中的组织演变对合金发生加工软化或硬化行为有显著影响，因此分析合金材料在加工制备过程中的微观组织结构演变规律，从而对能够准确控制材料的物理力学性能具有重要的理论指导意义。

5.1 Cu-Cr-Ti(Si)合金制备与测试表征

5.1.1 合金制备

在大气环境下进行熔炼，采用铁模浇铸制备 Cu-Cr-Ti 和 Cu-Cr-Ti-Si 合金，结合多种先进的微观组织表征手段，研究两种合金经热轧-固溶-时效-冷轧处理后，在各个状态下对应的组织和性能。图 5-1 为试验研究的技术路线。

以纯铜（99.95%）、纯钛（99.99%）、Cu-0.08Cr 中间合金以及纯硅（99.0%）为原材料进行熔炼，制备 Cu-Cr-Ti 和 Cu-Cr-Ti-Si 合金铸锭，两种合金的配料名义成分见表 5-1。

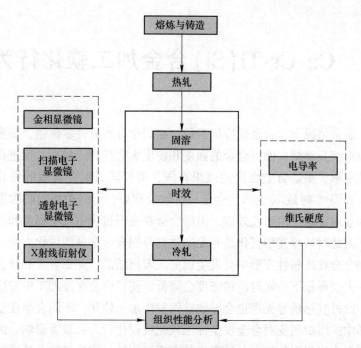

图 5-1　试验技术路线

表 5-1　试验合金的名义成分 （%）

序号	成分（质量分数）	Cr	Ti	Si	Cu
1 号	Cu-0.50Cr-0.07Ti	0.50	0.07	—	余量
2 号	Cu-0.50Cr-0.07Ti-0.02Si	0.50	0.07	0.02	余量

　　使用电耦合等离子发射光谱仪检测合金铸锭的实际成分，结果见表 5-2。

表 5-2　试验合金的实际成分 （%）

序号	成分（质量分数）	Cr	Ti	Si	Cu
1 号	Cu-0.35Cr-0.055Ti	0.35	0.055	—	余量
2 号	Cu-0.32Cr-0.059Ti-0.017Si	0.32	0.059	0.017	余量

在大气、木炭覆盖的环境下，使用 DS-7-003 型中频感应炉熔炼。熔炼时先将石墨黏土坩埚预热，随后向坩埚中加入配好的纯铜并加木炭覆盖，持续升温，待纯铜全部融化后保温 2min，随后依次加入 Cu0.08Cr 中间合金、纯钛和纯硅，但是由于纯钛和纯硅量较少，在熔炼过程中容易被烧损，为了减少烧损，需用铜箔包裹着钛和硅。保温 1 分钟后，扒除金属液表面覆盖的木炭，浇铸成厚度 $\Phi = 20mm$ 的 Cu-Cr-Ti 和 Cu-Cr-Ti-Si 合金铸锭。

Cu-Cr-Ti 和 Cu-Cr-Ti-Si 铸锭经双面铣面后，在 850℃下保温 2h 进行均匀化退火热处理，采用 320×500 型二辊轧机对合金铸锭进行热轧加工。为了将溶质原子固溶至 Cu 基体，得到过饱和固溶体，有利于时效过程中析出弥散强化相，同时起到降低铜合金强度，提升合金的塑性的作用，为后续的冷加工做准备，因此对热轧后的 Cu-Cr-Ti 和 Cu-Cr-Ti-Si 合金铸锭进行固溶处理。具体是将热轧后的合金铸锭置于箱式电阻炉中，在 910℃下，保温 60min 后快速水淬。

使用电火花线切割机将经固溶处理后的 Cu-Cr-Ti 和 Cu-Cr-Ti-Si 合金试样切成小块，置于电阻炉中，在 450℃下分别保温 0.5h、1h、2h、4h、6h、8h、10h、12h。随后测试经不同时间时效处理后合金样品的力学性能及导电性能，分别获得两种合金的峰值时效处理时间。然后将余下的固溶态 Cu-Cr-Ti 合金进行峰时效处理，而固溶态 Cu-Cr-Ti-Si 合金铸锭分为三份，分别进行欠时效、峰时效和过时效处理，之后采用不同的检测手段观察分析两种合金经时效处理后的微观组织特征。

时效态 Cu-Cr-Ti 和 Cu-Cr-Ti-Si 合金表面氧化皮使用砂轮机除去后，在 320×500 型二辊轧机下进行加工冷轧塑性变形。铸锭厚度分别由 $\Phi = 8mm$ 冷变形至 $\Phi = 5.6mm$（8mm→6.8mm→5.6mm，总变形量为 30%）、$\Phi = 3.2mm$（8mm→6.8mm→5.6mm→4.4mm→3.2mm，总变形量为 60%）、$\Phi = 1.6mm$（8mm→6.8mm→5.6mm→4.4mm→3.2mm→2.0mm→1.6mm，总变形量为 80%），以及 $\Phi = 0.8mm$（8mm→6.8mm→5.6mm→4.4mm→3.2mm→2.0mm→1.6mm→0.8mm，总变形量为 90%）。

5.1.2 合金性能测试

将线切割机切割后的合金样品用由粗到细不同型号的砂纸依次打磨后，采用 200 HVS-5 型显微维氏硬度计进行显微硬度值测量，分别测量样品中心与边缘的硬度。试验条件：室温环境，测量时加载载荷为 0.2kg，每个样品测试 10 个数据，并求出平均值。

使用 SB-2230 型直流数字电阻测试仪对合金样品的电导率进行测试。试验条件如下：室温环境，先对测试仪进行校准，后多次测量（每个样品至少测试 5 个点）求平均值。

5.1.3 合金显微组织表征

为了观察合金样品的晶粒大小和形貌以及再结晶组织等，采用金相显微镜对合金试样进行金相显微组织分析。金相样品的制备过程如下：首先对合金样品表面进行酸洗，随后用电花线切割机将样品切成小块，并使用镶嵌机进行镶样；使用不同型号的砂纸在金相磨抛机上对合金试样进行粗磨，随后进行抛光，直至样品表面无明显的划痕和污渍等，最后使用稀硝酸水溶液（硝酸溶液和蒸馏水的体积比为 3：7）对抛光后的样品进行腐蚀，时间为 15s，冲洗干净后烘干试样表面置于金相显微镜下进行形貌观察。

采用扫描电子显微镜观察合金样品的微观组织形貌。使用扫描电镜配备的能谱仪（EDS）随机地对合金样品的微观区域进行点、线和面分析。主要包括分析添加的各元素在基体中以何种形式存在以及第二相成分、尺寸和分布情况等。同时使用扫描电镜携带的背散射衍射仪（EBSD）对合金样品的大小角度晶界、晶粒尺寸和形貌等进行观察。

制备扫描电子显微镜样品的方法有两种，具体操作流程如下。方法一与金相试样制备方法一致。方法二采用电解抛光，该方法是背散射衍射仪样品制备的必要方法。先将线切割后的合金样品用不同型号砂纸打磨后，将试样清洗干净后，在抛光机上抛光至表面光亮，随后对合金进行电解抛光，电解抛光溶液是体积比为 4：1 的硝酸溶液和蒸馏水的混合溶液，电压为 1.8V，电解抛光为时间为 25~40min。

透射电镜主要用来分析合金变形前后的组织特征，包括合金组织中的位错、亚晶及晶界等微观结构，以及析出相的分布、尺寸及形貌等，并利用选区衍射确定析出相的结构和类型。

本试验透射电镜显微组织观察在 Tecnai G2-20 型透射电子显微镜下进行。透射样品的制样过程如下：在金相砂纸上将线切割后的合金试样打磨成薄片，并使用冲孔机将其冲孔制成直径为 3mm 的圆片，随后进行电解双喷减薄、穿孔。电解双喷具体工艺参数如下：双喷液为硝酸和甲醇的混合溶液，体积比为 1∶4，电解温度为：$-30 \sim -20℃$，电流为 $40 \sim 45mA$。为了得到理想的薄区，电解双喷穿孔后的试样使用离子减薄器进行时长为 40min 的减薄处理，处理好的试样放在真空环境中保存待观察。

本试验中采用荷兰帕纳科公司的 X 射线衍射仪进行物相分析，主要目的是获得合金经不同变形量冷轧后的衍射图谱，衍射图谱中的相关数据用于位错密度计算，利用公式计算得出合金试样经不同变形量冷轧后的位错密度。XRD 样品的制样过程较为简单，使用磨抛机将合金试样表面打磨至两面光洁平整即可在 X 射线衍射仪上进行扫描。试验条件如下：扫描角度为 $10° \sim 100°$，扫描速度为 $1°/min$；靶材为 Cu 靶；加速电压为 40kV；灯丝电流为 30mA；石墨单色器滤波。

5.2 时效前 Cu-Cr-Ti(Si)合金的物理性能

铸态、热轧态和固溶态 Cu-0.35Cr-0.055Ti 和 Cu-0.32Cr-0.059Ti-0.017Si 合金的硬度值如图 5-2 所示。从图 5-2 中可以看出，铸态 Cu-0.32Cr-0.059Ti-0.017Si 合金的硬度 $HV_{0.2}$ 为 81.1，略高于 Cu-0.35Cr-0.055Ti 合金的硬度 $HV_{0.2}$78.2。经热轧变形后，两种合金硬度值均有升高，但由于热轧时温度较高，合金发生了动态再结晶，导致相对于铸态合金，经热加工后，显微硬度变化不大。Cu-0.35Cr-0.055Ti 和 Cu-0.32Cr-0.059Ti-0.017Si 合金经910℃固溶处理 1h 后，硬度值 $HV_{0.2}$ 均显著下降，分别降低至 74、61。

图 5-3 为 Cu-0.35Cr-0.055Ti 和 Cu-0.32Cr-0.059Ti-0.017Si 合金

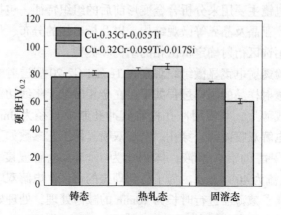

图 5-2 铸态、热轧态和固溶态合金硬度值

在 450℃ 等温时效处理后的硬度和电导率。由图 5-3 (a) 可见，Cu-0.35Cr-0.055Ti 合金的硬度随着时效过程的进行而先升高；8h 时，合金硬度达到最大值，表现出典型的时效硬化特征；随后继续时效，合金的硬度值随着时效时间延长开始下降；而 Cu-0.32Cr-0.059Ti-0.017Si 合金的硬度随着时效时间的延长先迅速增加；6h 后，合金硬度 $HV_{0.2}$ 达到峰值，并保持不变，稳定在 135 左右。观察图 5-3 (b)，Cu-0.35Cr-0.055Ti 合金随着时效时间的延长，导电率先迅速上升后几乎不变，在时效 8h 后达到稳定；Cu-0.32Cr-0.059Ti-0.017Si 合金

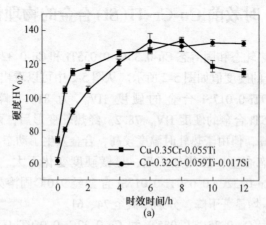

(a)

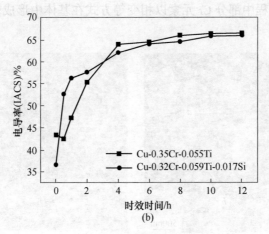

图 5-3 时效处理后合金的性能

(a) 硬度; (b) 电导率

电导率随时效时间的变化趋势和 Cu-0.35Cr-0.055Ti 合金相似,呈现先上升后在 6h 后几乎没有变化。由此可知, Cu-0.35Cr-0.055Ti 和 Cu-0.32Cr-0.059Ti-0.017Si 合金在 450℃下,分别保温 8h 和 6h,硬度和电导率达到峰值。

5.3 时效对 Cu-Cr-Ti(Si)合金显微组织的影响

采用扫描电镜观察两种合金峰时效状态下的微观组织,如图 5-4 所示。观察图 5-4 (a) 和 (b),固溶、时效处理后的合金基体中存在许多尺寸较为粗大的初生相,为 100~300nm。为了确定这些尺寸较大的初生相的成分,利用能谱仪对图 5-4 中的各点进行测试,结果见表 5-3。由 EDS 分析可知,图 5-4 的白色的初生相 (点 a 和点 c) 中的 Cr 元素的浓度 (质量分数) 较高,分别高达 18.51%、36.12%,而 Ti 元素和 Si 元素的含量较少,可认为没有中间相生成,确定这些白色粒子为富 Cr 相。铜基体 (点 b 和点 d) 中 Cr 元素含量相对于 a 点和 c 点低,仅有 1.04%、0.16%。高温环境下,由于 Cr 元素在 Cu 基体中的最大固溶度约为 0.65%,但在室温环境下固溶度极低,导致在凝固过程中部分 Cr 元素以相变等方式在基体中形成较大尺寸的初生相。

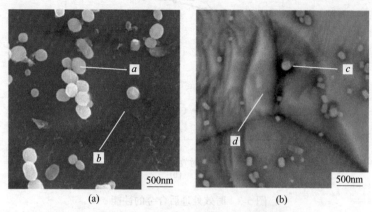

(a)　　　　　　　　　　　　(b)

图 5-4　合金峰时效后的 SEM 组织图

(a) Cu-0.35Cr-0.055Ti；(b) Cu-0.32Cr-0.059Ti-0.017Si

表 5-3　图 5-4 中第二相粒子 EDS 分析（质量分数）　　（%）

试　样	测试点	Cr	Ti	Si	Cu
Cu-0.35Cr-0.055Ti	a	18.51	0.18	—	Bal
	b	1.04	0.09	—	Bal
Cu-0.32Cr-0.059Ti-0.017Si	c	36.12	1.04	0.64	Bal
	d	0.16	0.09	0.08	Bal

　　为了进一步确定 Si 元素在基体中的存在形式，对 Cu-0.35Cr-0.055Ti 和 Cu-0.32Cr-0.059Ti-0.017Si 合金峰时效状态下的显微组织进行面扫描，结果如图 5-5 和图 5-6 所示。图 5-5 可以清晰地发现 Cu-0.35Cr-0.055Ti 合金经峰时效（8h）处理后，第二相富 Cr 相形貌多呈现椭圆形和短棒状，且尺寸大小不一，小的只有几十纳米，大的有 200~300nm；Ti 元素弥散分布在铜基体中以固溶原子的形式存在。观察图 5-6 可看到，Cu-0.32Cr-0.059Ti-0.017Si 合金经 450℃峰时效

(6h) 处理后，组织中同样弥散分布着许多椭圆形的初生富 Cr 相，部分较大的富 Cr 相沿着晶界分布，晶界内部还分布着细小的第二相。由面扫结果分析可知，在视场范围内，添加的 Si 元素与 Ti 元素均在基体中以溶质原子的形式存在，两者均匀地分布在铜基体中和富铬相中，没有发生富集。

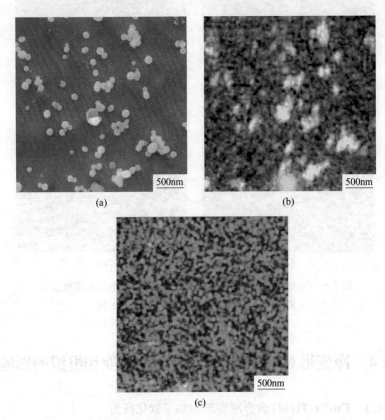

图 5-5　Cu-0. 35Cr-0. 055Ti 合金峰时效态的元素面分布

(a) 二次电子像；(b) Cr；(c) Ti

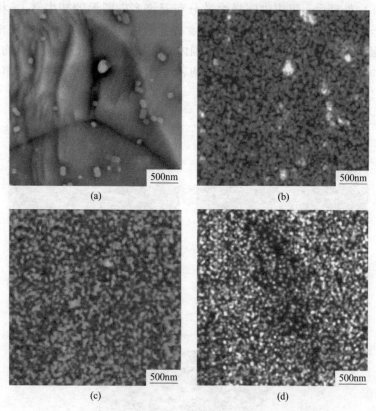

图 5-6   Cu-0. 32Cr-0. 059Ti-0. 017Si 合金峰时效态的元素面分布
(a) 二次电子像；(b) Cr；(c) Ti；(d) Si

5. 4   冷变形对 Cu-Cr-Ti(Si)合金性能和组织的影响

5. 4. 1   Cu-Cr-Ti(Si)合金冷变形中加工软化行为

图 5-7 (a) 为 Cu-0. 35Cr-0. 055Ti 和 Cu-0. 32Cr-0. 059Ti-0. 017Si
合金在不同变形量下冷轧后的硬度曲线。从图中可以看出，Cu-
0. 35Cr-0. 055Ti 合金的硬度随冷轧塑性变形程度的增加而不断增加，
产生加工硬化效应，当经90%变形，合金硬度 $HV_{0.2}$ 增加至193±3. 5；

冷轧变形量 $\varepsilon \leqslant 80\%$ 时，Cu-0.32Cr-0.059Ti-0.017Si 合金硬度呈现与 Cu-0.35Cr-0.055Ti 合金相同的变化趋势，均随变形量的增加，合金的硬度升高，当变形量为 80% 时，Cu-0.32Cr-0.059Ti-0.017Si 合金显微硬度 $HV_{0.2}$ 达到 192 ± 0.9，但当变形量 $\varepsilon > 80\%$ 时，Cu-0.32Cr-0.059Ti-0.017Si 合金随着变形量增加，硬度 HV_{0H2} 没有增加反而下降，下降至 178 ± 3.8，发生加工软化。造成这种硬度下降的原因可能是 Cu-0.32Cr-0.059Ti-0.017Si 合金在变形中发生了回复或动态再结晶，具体原因将在全文中进行分析。

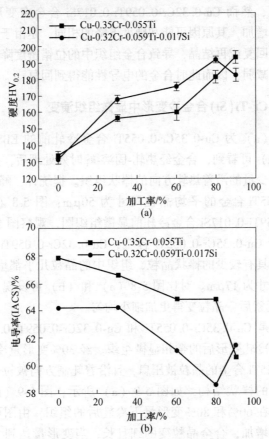

图 5-7 合金经不同变形量冷轧后的性能

(a) 硬度；(b) 电导率

冷轧变形过程中，Cu-0.35Cr-0.055Ti 和 Cu-0.32Cr-0.059Ti-0.017Si 合金的电导率随冷轧变形量变化曲线如图 5-7（b）所示。Cu-0.35Cr-0.055Ti 合金的电导率随冷轧变形量增加而持续降低，经90%轧制变形，合金的电导率（IACS）由变形前的67.9%IACS下降至60.6%。Cu-0.32Cr-0.059Ti-0.017Si 合金随变形量增加，电导率也降低，而在变形量达到80%之后，电导率反而略微增加，此时合金的电导率（IACS）由80%变形后的58.5%增加至61.5%。在发生塑性变形过程中，引入的位错会对电子产生很强的散射作用，从而引起电导率降低，然而 Cu-0.32Cr-0.059Ti-0.017Si 合金在变形后期电导率反而略有增加，其原因可能和硬度下降的相同，是由于合金在大变形量下发生回复或再结晶，导致合金组织中的位错密度降低，对电子的散射作用减弱，因而此时合金的电导性能得到回复[1]。

5.4.2 Cu-Cr-Ti(Si)合金冷变形中显微组织演变

图 5-8（a）为 Cu-0.35Cr-0.055Ti 合金冷轧前的 EBSD 组织图。由图 5-8（a）可看到，合金经热轧-固溶-峰时效处理后，多为等轴晶粒，但残留少量的沿着热轧方向的棒状组织。据统计，峰时效态 Cu-0.35Cr-0.055Ti 合金的平均晶粒尺寸为 50μm；图 5-8（b）为 Cu-0.32Cr-0.059Ti-0.017Si 合金冷轧前显微组织图，观察图 5-8（b）发现，相对于 Cu-0.35Cr-0.055Ti 合金，Cu-0.32Cr-0.059Ti-0.017Si 合金在变形前具有较少的棒状晶粒，组织中的晶粒几乎都呈现等轴状，平均晶粒尺寸为 17μm。对比图 5-8（a）和（b）可发现，合金中添加微量 Si 元素后，晶粒变得更加细小均匀。

图 5-9 是 Cu-0.35Cr-0.055Ti 和 Cu-0.32Cr-0.059Ti-0.017Si 合金经不同程度冷轧变形后的金相显微组织。经 30%变形量冷轧后，Cu-0.35Cr-0.055Ti 合金的晶粒被压扁，且沿着轧制方向被拉长，合金内部形成粗大的棒状结构，如图 5-9（a）所示；图 5-9（b）和（c）分别为合金在 60%和 80%变形量下冷轧后的组织，由图可见，随着轧制变形量增加，合金晶粒变的细且长；当变形量达到 90%时，合金的内部组织结构不再呈现棒状形貌，而是呈现纤维状，并且晶粒严重破碎，晶界变得模糊，且未在组织中发现再结晶晶粒，如图 5-9

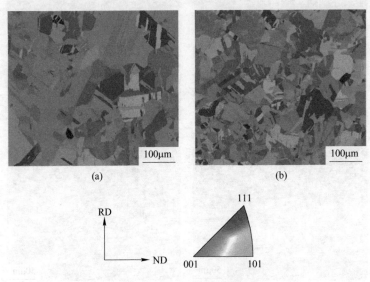

图 5-8　合金冷轧前显微组织
(a) Cu-0.35Cr-0.055Ti; (b) Cu-0.32Cr-0.059Ti-0.017Si

(d) 所示。观察图 5-9 (e)、(f)、(g) 和 (h) 发现，随着变形量增加，Cu-0.32Cr-0.059Ti-0.017Si 合金组织同样沿着轧制方向被拉长，当进行 90% 冷轧变形时，合金组织内部难以看到完整的晶界，也未观察到再结晶组织。

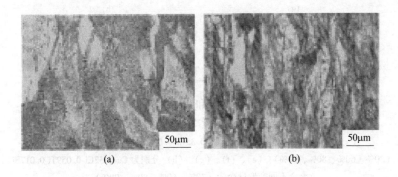

(a)　　　　　　　　　　　　(b)

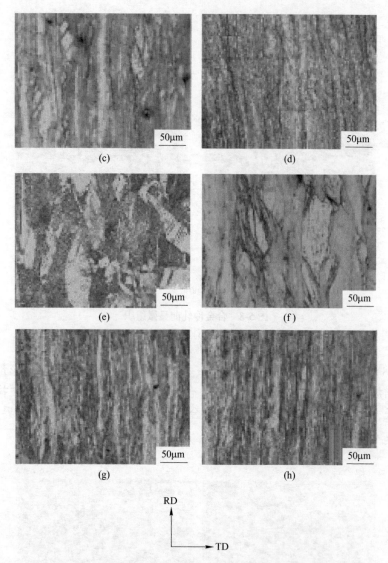

图 5-9　Cu-0.35Cr-0.055Ti 和 Cu-0.32Cr-0.059Ti-0.017Si
合金不同变形量冷轧后金相组织
(a)，(b)，(c)，(d) 分别为 Cu-0.35Cr-0.055Ti 合金不同变形量冷轧
(30%、60%、80%、90%)；(e)、(f)、(g)、(h) 分别为 Cu-0.32Cr-0.059Ti-0.017Si
合金不同变形量冷轧 (30%、60%、80%、90%)

对比合金冷轧后的显微组织发现，Cu-0.35Cr-0.055Ti 和 Cu-0.32Cr-0.059Ti-0.017Si 合金经相同变形量冷轧后，金相组织无明显差异，经大变形量冷轧后，两者均未发生再结晶。由上述分析可知，动态再结晶不是 Cu-0.32Cr-0.059Ti-0.017Si 合金发生加工软化的原因，回复可能是导致合金软化的机制，但是仍然需要进一步确认。

图 5-10 为 Cu-0.35Cr-0.055Ti 和 Cu-0.32Cr-0.059Ti-0.017Si 合金经冷轧变形后的晶界图，图中红线和黑线分别为小角度晶界（$2° < \theta < 10°$）和大角度晶界（$\theta > 10°$）。从图 5-10（a）中可看到，Cu-0.35Cr-0.055Ti 经过 30% 变形量冷轧后，合金组织中分布着大量的小角度晶界；随着变形程度的增加，合金组织中晶界密度更大，且以小角度晶界为主，如图 5-10（b）；当变形量为 80% 时，Cu-0.35Cr-0.055Ti 合金组织中分布着大量的小角度晶界，大角度晶界数量很少，如图 5-10（c）所示；变形量达到 90% 时，小角度晶界数量仍旧远远大于大角度晶界，相较于 80% 变形，组织中的小角度晶界数量进一步增加，大角度晶界数量下降，如图 5-10（d）所示。观察图 5-10（e）和（f），随着变形量增加，Cu-0.32Cr-0.059Ti-0.017Si 合金显微组织中的小角度晶界数量增加；经 80% 变形后，在 Cu-0.32Cr-0.059Ti-0.017Si 合金组织中的晶界类型主要是小角度晶界，大角度晶界占据很小的比例，如图 5-10（g）所示；而经 90% 冷轧变形后的晶界（见图 5-10（h）），Cu-0.32Cr-0.059Ti-0.017Si 合金大角度晶界数量明显增加，单位面积内所占比例增加。

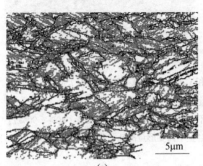

(a)

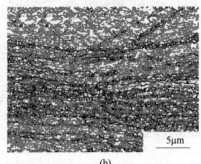

(b)

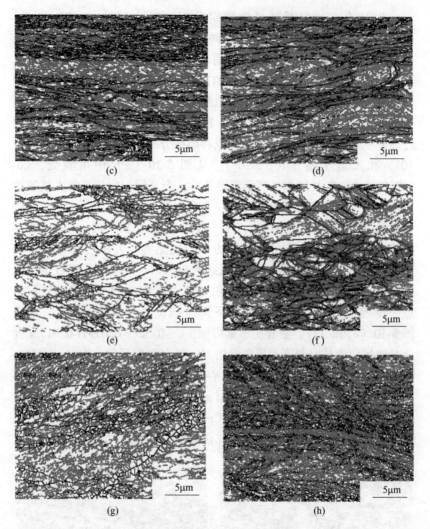

图 5-10　Cu-0.35Cr-0.055Ti 和 Cu-0.32Cr-0.059Ti-0.017Si
合金不同变形量冷轧后晶界图

(a) ~ (d) 分别为 Cu-0.35Cr-0.055Ti 合金不同变形量冷轧（30%、60%、80%、90%）；
(e) ~ (h) 分别为 Cu-0.32Cr-0.059Ti-0.017Si 合金不同变形量冷轧（30%、60%、80%、90%）

　　为了定量分析经冷轧变形后合金组织中大小角度晶界变化，对合金取向差进行了统计，如图 5-11 所示。Cu-0.35Cr-0.055Ti 合金在发生冷轧变形前，组织中的大角度晶界占据很大比例，小角度晶界仅占 4%；随着变形程度的增加，小角度晶界比例大大增加，当变形量为 60%时，小角度晶界比例占据 80%左右；之后继续进行冷轧变形，组织中的小角度晶界比例几乎保持不变。而 Cu-0.32Cr-0.059Ti-0.017Si 合金在发生塑性变形前，组织中的大角度晶界也占据较大比例；随着变形量增加，合金的大角度晶界比例下降，小角度晶界比例大幅增

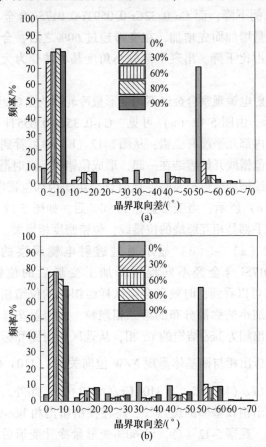

图 5-11　Cu-0.35Cr-0.055Ti 和 Cu-0.32Cr-0.059Ti-0.017Si
合金不同变形量冷轧后晶界取向差分布
(a) Cu-0.35Cr-0.055Ti；(b) Cu-0.32Cr-0.059Ti-0.017Si

加，当变形 60%，小角度晶界比例达到最大值，占据 78%；随后继续变形小角度晶界比例开始下降，当变形量达到 90%，小角度晶界比例下降至 68%，相对变形 80%，合金组织中的大角度晶界比例增加。

通过分析变形合金显微组织中的晶界分布可知，随着冷轧变形程度增加，Cu-0.35Cr-0.055Ti 合金的小角度晶界比例逐渐增大，大角度晶界的比例下降，而 Cu-0.32Cr-0.059Ti-0.017Si 合金小角度晶界比例随变形量增加而先增加，在变形超过 60% 之后，合金组织中的小角度晶界占比下降，出现了部分小角度晶界转变为大角度晶界的现象。

通过透射电镜观察合金经不同变形量冷轧后的微观组织形貌，如图 5-12 所示。由图 5-12（a）可见，Cu-0.35Cr-0.055Ti 合金在冷变形前，合金内部几乎没有位错；从图 5-12（b）中可看到，经 60% 冷轧变形后，位错线开始缠结在一起，形成位错网，此时滑移系变得弯曲；随后继续增加变形至 80%，此时合金组织内部位错密度非常高，如图 5-12（c）所示；当变形量达到 90% 后，如图 5-12（d）所示，合金内部几乎都是相互缠绕的位错线，位错密度相当大。

图 5-12（a）～（d）显示通过透射电镜观察的 Cu-0.32Cr-0.059Ti-0.017Si 合金经不同程度冷加工变形后的位错形貌。从图 5-12（e）可以看到，时效态合金试样组织中的位错相对较少，并且存在一些细小的弥散分布的第二相颗粒，由衍射花样标定结果可知，这些析出相为 bcc 结构的 Cr 相，从选区衍射图和标定示意图中可以看到，析出相与铜基体呈现 N/W 位向关系：$(1\bar{1}0)$ Cr$/\!/$ $(\bar{1}\bar{1}1)$ Cu，(001) Cr$/\!/$ $(1\bar{1}1)$Cu，$[110]$Cr$/\!/$ $[112]$Cu。此外，衍射图谱中显示除了析出相和基体的斑点外，还存在由析出相 bcc-Cr 相引起的超点阵斑点。观察 5-12（f），经 60% 变形量冷轧变形后，组织中分布着的位错交织缠绕在一起，位错密度增加；图 5-12（g）为合金经 80% 冷轧变形后的微观组织形貌，可以看到许多位错胞结构存在于合金内部，并且位错线相互缠绕组成位错胞边界，位错胞边界处的位错密度较大；当变形量增加至 90% 时，位错胞数量明显增加，且胞内

的位错线数量减少，并且此时的位错胞已经形成界面清晰且尺寸较大的的亚晶粒，亚晶粒尺寸为 300~400nm，但形状并非等轴状，如图 5-12（h）所示。

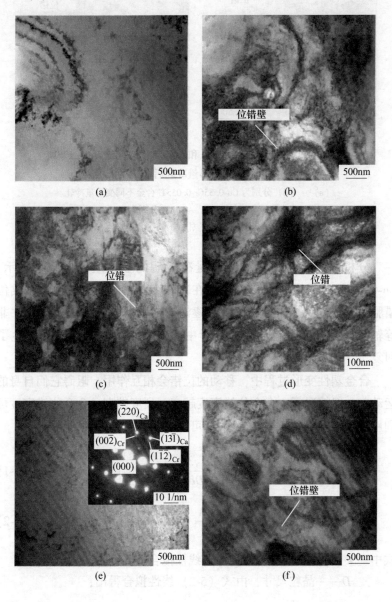

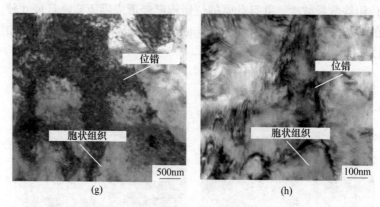

图 5-12   Cu-0. 35Cr-0. 055Ti 和 Cu-0. 32Cr-0. 059Ti-0. 017Si
合金经不同变形量冷轧后 TEM 图

（a） ~ （d） 分别为 Cu-0. 35Cr-0. 055Ti 合金不同变形量冷轧
（0%、60%、80%、90%）；（e） ~ （h） 分别为 Cu-0. 32Cr-0. 059
Ti-0. 017Si 合金不同变形量冷轧 （0%、60%、80%、90%）

分析两种合金在不同变形量冷轧后的显微组织，结果显示，Cu-0. 32Cr-0. 059Ti-0. 017Si 合金在冷轧变形量 $\varepsilon \geq 80\%$ 时，形成位错胞，胞内的位错密度较小，并逐渐形成亚晶粒，由于亚晶粒并非等轴状，进一步确定合金在变形中没有发生再结晶，而是发生了回复。

合金塑性变形过程中，移动的位错会相互作用，阻碍它们自身的运动。一般情况下，合金位错密度越高，硬度越高。合金位错密度可利用公式计算得到，式 （5-1） 即可计算位错密度 ρ[2]。

$$\rho = \frac{2\sqrt{3}\,\varepsilon}{Db} \tag{5-1}$$

$$\beta\cos\theta = \frac{K\lambda}{D} + (4\sin\theta)\,\varepsilon \tag{5-2}$$

式中 ε ——应变，由式 （5-2） 线性拟合得出；

D——晶粒尺寸，由式 （5-2） 线性拟合得出；

b——柏氏矢量，对于 fcc 结构，$b = \dfrac{\sqrt{2}}{2}a$；

β——半峰宽；

θ——某个峰的布拉格角度，由衍射图谱可得，如图 5-13 所示；

K——常数，$K \approx 0.9$；

λ——CuKα 辐射的波长，$\lambda = 0.15405\text{nm}$。

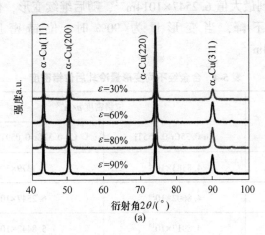

(a)

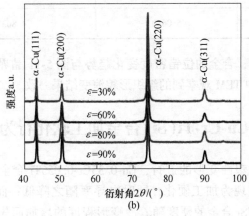

(b)

图 5-13   合金不同变形量冷轧后 XRD 图

(a) Cu-0.35Cr-0.055Ti；(b) Cu-0.32Cr-0.059Ti-0.017Si

表 5-4 列出了 Cu-0.35Cr-0.055Ti 和 Cu-0.32Cr-0.059Ti-0.017Si 合金在不同变形量下冷轧后经计算所得的位错密度。从表 5-4 中数据可以看出，Cu-0.35Cr-0.055Ti 合金进行 30%~60%变形量冷轧后，组织中的位错密度几乎没有变化，当变形程度超过 80%，合金的位错密度随着变形程度的增加而增加，变形量为 90%时，位错密度增加至 $5.0680 \times 10^{14} m^{-2}$。然而，随着变形量增加，Cu-0.32Cr-0.059Ti-0.017Si 合金的位错密度先增加后减小，当变形量为 60%时，合金的位错密度达到最大值 $6.2547 \times 10^{14} m^{-2}$，随后继续变形，合金的位错密度略有下降，当变形量为 90%时，位错密度下降至 $4.8631 \times 10^{14} m^{-2}$。

表 5-4 合金经不同变形量冷轧后位错密度

变形量 ε/%	位错密度 ρ/m^{-2}	
	Cu-0.35Cr-0.055Ti	Cu-0.32Cr-0.059Ti-0.017Si
30	4.8383×10^{14}	5.1379×10^{14}
60	4.8602×10^{14}	6.2547×10^{14}
80	4.8917×10^{14}	5.8442×10^{14}
90	5.0680	4.8631

由此可知，合金的位错密度变化趋势与图 5-11 晶界取向差的变化和图 5-12 中 TEM 观察到的组织形貌演变结果一致。

5.5 Cu-Cr-Ti(Si)合金加工软化行为分析

随着冷轧塑性变形的进行，Cu-0.35Cr-0.055Ti 合金的显微硬度一直增加，表现为加工硬化，同时电导率随之降低；而 Cu-0.32Cr-0.059Ti-0.017Si 合金的硬度随着冷变形程度的增加而先升高，当轧制变形量 $\varepsilon \geqslant 80\%$ 时，合金的硬度不增反降，发生加工软化，电导率随着变形程度的增加先降低，在变形量达到 80%后略有上升，如

图 5-7 所示。对比图 5-8 中合金冷轧后的金相组织发现，Cu-0.35Cr-0.055Ti 和 Cu-0.32Cr-0.059Ti-0.017Si 合金经相同程度冷轧变形后，组织结构无明显差别，在大变形量冷轧加工后，均未发生再结晶。因此，动态再结晶不是 Cu-0.32Cr-0.059Ti-0.017Si 合金出现软化现象的原因，回复可能是引起合金加工软化的机制，导致 Cu-0.32Cr-0.059Ti-0.017Si 合金在变形后期硬度下降，并且由于合金发生回复，导致位错密度降低，电导率得到回复。

分析合金冷轧变形后的微观组织结构发现，变形量较小时，Cu-0.32Cr-0.059Ti-0.017Si 合金组织中的小角度晶界比例随着变形量增加而增大；然而当变形量 $\varepsilon \geq 80\%$ 时，小角度晶界的比例下降，相对的大角度晶界比例增加，存在部分小角度晶界演变为大角度晶界的现象。出现这个现象的原因是金属发生塑性变形时，在亚晶粒内产生的新的位错被亚晶界吸收，从而亚晶粒之间取向差逐渐增加，在此过程中会消耗部分位错，导致位错密度略有下降；另一方面 Cu-0.32Cr-0.059Ti-0.017Si 合金在大变形量下轧制时，合金组织内部形成位错胞，且随着变形量增加，位错胞进而形成亚晶粒，合金发生动态回复，使得位错密度下降，由于此时的亚晶粒并非为等轴状，没有明显的再结晶组织，进一步确定合金在冷轧变形中并未发生动态再结晶，仅发生了回复。

根据 Hall-Petch 公式[3]，金属在室温下进行塑性变形时，合金的屈服强度与晶粒尺寸和位错密度有关：

$$\sigma_y = \sigma_0 + Kd^{-\frac{1}{2}} \tag{5-3}$$

$$\sigma_y = \sigma_0 + K\rho^{\frac{1}{2}} \tag{5-4}$$

式中　　σ_y——多晶体的屈服强度；

　　　　σ_0——常数，相当于单晶体的屈服强度；

　　　　K——晶界对强度影响程度的系数，该值与合金的晶界结构有关；

　　　　d——晶粒平均直径；

　　　　ρ——位错密度。

由式（5-3）和（5-4）可知，合金晶粒越细小，组织中的位错密度越高, 合金的硬度和屈服强度越高。

从图 5-9 可以看出, Cu-0.35Cr-0.055Ti 合金在塑性变形过程中, 晶粒破碎, 晶粒细化。从图 5-12 和表 5-4 可知, 随着冷轧变形量增加, 合金组织中分布着大量的位错, 位错密度不断增加。由此可知, Cu-0.35Cr-0.055Ti 合金的硬度升高是变形引入了位错和晶粒细化的原因, 属于典型的加工硬化行为。

通过对比 Cu-0.35Cr-0.055Ti 和 Cu-0.32Cr-0.059Ti-0.017Si 合金未发生塑性变形时的显微组织发现, 发生冷变形前, Cu-0.32Cr-0.059Ti-0.017Si 合金晶粒相较于 Cu-0.35Cr-0.055Ti 合金更加细小均匀, 如图 5-9 所示。由 Cahn 理论[4]知, 固溶在基体中的元素会在晶界处富集, 从而形成 "柯式气团", 阻碍晶界迁移, 细化合金晶粒。由图 5-6 的 Cu-0.32Cr-0.059Ti-0.017Si 合金面扫结果, 发现添加的微量 Si 元素以固溶原子的形式存在铜基体中, 因此固溶在铜基体中的 Si 元素阻碍了 Cu-0.32Cr-0.059Ti-0.017Si 合金在固溶和时效过程中晶界迁移, 从而细化了合金的晶粒。在随后的塑性变形过程中, 由于 Cu-0.32Cr-0.059Ti-0.017Si 合金晶粒越细小, 单位面积内晶界数量更多, 从而为合金在变形中发生回复和再结晶提供更多的形核位置和储存能[5-10], 导致在较大变形量下, Cu-0.32Cr-0.059Ti-0.017Si 合金发生回复, 而 Cu-0.35Cr-0.055Ti 没有发生此现象。

参 考 文 献

[1] Xu Y S, Jin C P, Li P, et al. Microstructure and properties of the dispersion-strengthened Cu-ZrO$_2$ composite for application of spot-welding electrode [J]. Advanced Materials Research, 2014, 887-888: 32-38.

[2] Williamson G K, Hall W H. X-ray line broadening from filed aluminium and wolfram [J]. Acta Metallurgica, 1953, 1 (1): 22-31.

[3] Hansen N. Hall-Petch relation and boundary strengthening [J]. Scripta Materialia, 2004, 51 (8): 801-806.

[4] Cahn J W. The impurity-drag effect in grain boundary motion [J]. Acta Metallurgica, 1962, 10 (9): 789-798.

[5] Barnett M R, Beer A G, Atwell D, et al. Influence of grain size on hot working stresses and microstructures in Mg-3Al-1Zn [J]. Scripta Materialia, 2004, 51 (1): 19-24.

［6］ Barnett M R, Keshavarz Z, Beer A G, et al. Influence of grain size on the compressive deformation of wrought Mg-3Al-1Zn［J］. Acta Materialia, 2004, 52 (17)：5093-5103.

［7］ 魏洁, 唐广波, 刘正东. 碳锰钢热变形行为及动态再结晶模型［J］. 钢铁研究学报, 2008, 20（3）：31-35.

［8］ 秦清风, 谭迎新, 杨勇彪, 等. 晶粒尺寸对 7A04 铝合金热变形行为的影响研究［J］. 热加工工艺, 2016, 45（11）：59-63.

［9］ 董勇, 董明, 汪哲能, 等. 初始晶粒尺寸对大应变轧制 AZ31 镁合金板材显微组织和力学性能的影响［J］. 机械工程材料, 2014, 38（7）：33-37.

［10］ 李娜丽. 初始组织及变形条件对 AZ31 镁合金热挤压组织和织构演变的影响研究［D］. 重庆：重庆大学, 2013.

6 时效影响 Cu-Cr-Ti-Si 合金加工软化

在实际生产和应用过程中，为了提高合金的综合性能，需要经过较大的塑性变形，同时辅以热处理，这就涉及形变热处理过程，在形变热处理过程中，不仅仅析出相会改善合金的组织和性能，塑性变形过程中晶粒的破碎及位错的运动等也将会对 Cu-Cr-Ti-Si 合金的组织和性能产生一定的影响。第 3 章已重点对 Cu-Cr-Ti 和 Cu-Cr-Ti-Si 合金经热轧—固溶—峰时效—冷变形处理后的性能和微观组织结构的演变规律进行了研究，发现与 Cu-Cr-Ti 合金在冷轧塑性变形过程中发生加工硬化不同，Cu-Cr-Ti-Si 合金在大变形量下会出现加工软化；阐明了 Si 元素添加对合金冷轧前后微观组织的影响及 Cu-Cr-Ti-Si 合金发生加工软化的机理。

本章将主要研究经固溶、等温不同时间时效处理，随后分别进行不同程度的冷变形的 Cu-Cr-Ti-Si 合金微观组织及物理力学性能。通过 SEM、EBSD 和 TEM 等检测技术观察分析 Cu-Cr-Ti-Si 合金在加工制备全过程中的微观组织结构演变规律。同时，利用维氏硬度计及电导率仪测定 Cu-Cr-Ti-Si 合金的硬度及电导率，分析合金在固溶、时效及冷变形过程中的性能演化规律。通过对比合金各状态下的微观组织结构及物理力学性能的差别，解释了欠时效状态和峰时效状态 Cu-Cr-Ti-Si 合金进行冷轧变形时发生加工软化，而 Cu-Cr-Ti-Si 合金在过时效态下发生加工硬化的原因，为 Cu-Cr-Ti-Si 合金在实际生产中提供实验基础和理论支持。

6.1　Cu-Cr-Ti-Si 合金时效过程组织和性能演变

6.1.1　时效态合金的性能演变

固溶处理后的 Cu-0.32Cr-0.059Ti-0.017Si 合金在 450℃下进行时

效处理，时效时间分别为 0.5h、1h、2h、4h、6h、8h、10h、12h，并对时效态试样的硬度和电导率进行了测量。Cu-0.32Cr-0.059Ti-0.017Si 合金硬度和电导率随时效时间的变化曲线如图 6-1 所示。由图 6-1（a）和（b）知，随着时效的进行，合金的硬度先迅速升高，6h 后达到峰值，表现出典型的时效硬化特征，电导率也随之上升，在 6h 达到稳定值，此时合金的显微硬度 $HV_{0.2}$ 和电导率 IACS 分别达到 135、65%；继续时效，合金的硬度和电导率基本保持稳定，未发生明显变化。由此可知，Cu-0.32Cr-0.059Ti-0.017Si 合金在 450℃下等温时效处理时，6h 为峰时效时间。

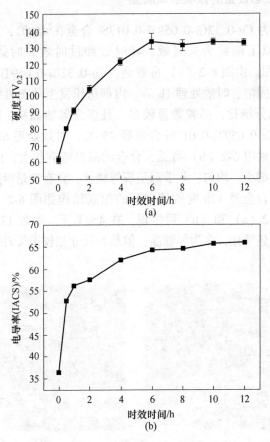

图 6-1　Cu-0.32Cr-0.059Ti-0.017Si 合金 450℃时效下的时间-性能曲线
(a) 显微硬度；(b) 电导率

时效初期，合金处于过饱和固溶体状态，促使第二相析出的驱动力较大，随着时效的进行，合金组织中逐渐析出大量的第二相粒子，由于这些析出的第二相粒子会对位错迁移产生钉扎作用，从而起到强化合金的效果。同时由于基体的晶格畸变程度降低，且固溶在铜基体中的原子数量减少，贫化了铜基体，从而降低了对电子的散射作用，导致合金的电阻率降低，导电性能得以提高；而后延长时效时间，由于析出相粒子发生粗化，晶粒长大，甚至部分第二相粒子回溶至铜基体中，导致合金硬度和电导率降低[1,2]。

6.1.2 时效态合金的微观组织演变

图 6-2 为 Cu-0.32Cr-0.059Ti-0.017Si 合金在 450℃，分别经 1h、6h、12h（以下统称为欠时效、峰时效和过时效）时效处理后的 EBSD 组织图。由图 6-2（a）可看到，Cu-0.32Cr-0.059Ti-0.017Si 合金经热轧、固溶、时效处理 1h 后，内部组织发生动态再结晶，合金晶粒得到充分细化，晶粒数量较多，且多为等轴晶粒；图 6-2（b）为 Cu-0.32Cr-0.059Ti-0.017Si 合金经 450℃，时效处理 6h 后的显微组织图，观察图 6-2（b）可见，合金的晶粒略有长大，但整体上晶粒仍然非常细小、均匀，几乎都呈现等轴状，含有少量沿热轧方向的棒状晶粒；合金经 12h 时效处理后的微观结构如图 6-2（c）所示，相较于图 6-2（a）和（b）可发现，在 450℃下、时效 12h 后合金晶粒形貌无明显变化，多为等轴晶，但晶粒尺寸相较于欠时效态和峰时效态更加粗大。

(a)   (b)

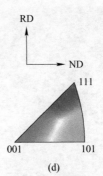

图 6-2 Cu-0.32Cr-0.059Ti-0.017Si 合金 450℃下时效不同时间的显微组织

(a) 1h; (b) 6h; (c) 12h

为了更加直观地比较经不同时间时效后 Cu-0.32Cr-0.059Ti-0.017Si 合金的晶粒尺寸变化，用软件统计了三种时效状态下合金的平均晶粒尺寸。发现欠时效态、峰时效态和过时效态合金的平均晶粒尺寸分别为 15.8μm、17.4μm、32μm。由此可以看出，相较欠时效态，峰时效态合金晶粒尺寸变化较小，经长时间的时效处理，合金处于过时效态时，晶粒长大，平均晶粒尺寸增加。

图 6-3 为 Cu-0.32Cr-0.059Ti-0.017Si 合金经欠时效、峰时效和过时效处理后的透射电镜图片。从图 6-3（a）可以看出，欠时效态合金内部分布着少量细小的析出颗粒，尺寸为 2~3nm，颗粒之间的间距为 15~25nm，其中尺寸较大的析出相主要分布在晶界位置，为了确定这些析出相粒子的结构类型，采用选区衍射对其进行分析，如图 6-3（b）所示，通过标定选区电子衍射花样，确定这些细小的纳米颗粒为 bcc-Cr 相。据 Chbihi 等人[3]研究，认为 Cu-Cr 合金在时效过程中第二相的析出序列会发生变化，析出相结构由面心立方转变为体心立方。由此可知，Cu-0.32Cr-0.059Ti-0.017Si 合金在欠时效（450℃，1h）时已发生了相转变。峰时效处理后，合金组织内部有大量的析出相存在，数量较欠时效态增加，并且分布比较均匀，其尺寸为 3~6nm，颗粒间距为 8~15nm，如图 6-3（c）所示，析出相的衍射花样如图 6-3（d）所示；由图 6-3（e）可见，过时效态合金组织中析出物的结构特征及与基体的晶体学位相关系也未发生明显的变

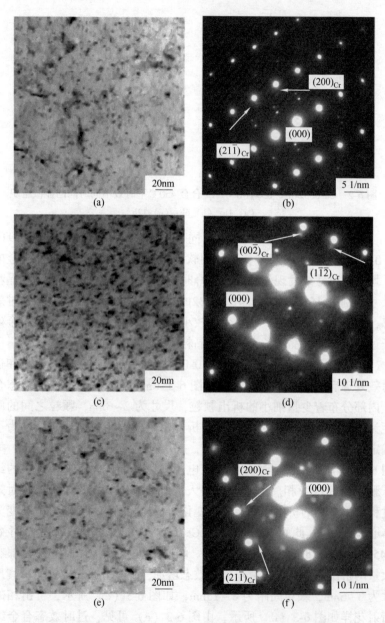

图 6-3　不同时效态 Cu-0.32Cr-0.059Ti-0.017Si 合金 TEM 图

(a), (b) 欠时效态; (c), (d) 峰时效态; (e), (f) 过时效态

化，如图 6-3（f）所示，然而在 12h 过时效处理后，析出相粒子略有长大，组织内部的析出相数量明显有所减少，尺寸为 5~8nm，颗粒间距为 15~30nm。这是因为合金经过时效处理，析出相发生了聚集并长大，且由于时效时间比较长，部分析出相回溶至铜基体，导致组织内部的析出相总量下降，同时第二相间距有所增加。

6.2 Cu-Cr-Ti-Si 合金不同时效状态冷轧组织和性能演变

根据上述分析知，时效处理后合金组织内部出现小的纳米析出相，不同时效状态下的纳米析出相的尺寸和密度明显不同，峰时效态合金组织中的析出相密度最大。合金达到峰值时效后，继续时效，合金组织中析出相颗粒的尺寸增加，密度下降。

6.2.1 Cu-Cr-Ti-Si 合金不同时效状态加工软化行为

图 6-4（a）为 Cu-0.32Cr-0.059Ti-0.017Si 合金经欠时效、峰时效及过时效处理后，经不同变形量冷加工后的硬度变化曲线。观察图 6-4（a）可以看到，欠时效态、峰时效态和过时效态的 Cu-0.32Cr-0.059Ti-0.017Si 合金冷轧变形前的硬度 $HV_{0.2}$ 分别为 92±1.4、132±2.8、130±1.6；当变形量 ε<80% 时，三种不同时效态合金随冷轧变形量增加，均表现出显著的加工硬化效应，合金硬度不断增加；当轧制变形量增加至 80% 时，此时合金的显微硬度 $HV_{0.2}$ 分别达至 168±1.5、192±0.9、180±1.5；当变形量 ε>80% 时，过时效态 Cu-0.32Cr-0.059Ti-0.017Si 合金硬度继续升高，当变形至 90% 时，硬度 $HV_{0.2}$ 高达 190±2.0，加工硬化效应更加明显；而欠时效态和峰时效态合金当变形量达到 90% 时，硬度随着变形的进行，呈现下降的趋势，表现为加工软化，两种状态下的合金硬度 $HV_{0.2}$ 分别下降至 169±0.7 和 178±3.8。

图 6-4（b）为欠时效、峰时效和过时效态 Cu-0.32Cr-0.059Ti-0.017Si 合金在不同变形量冷轧后的电导率变化曲线。从图中可以看

到，在轧制过程中，欠时效状态和峰时效状态的 Cu-0.32Cr-0.059Ti-0.017Si 合金电导率具有相同的变化趋势，均随着变形量增加，电导率先迅速下降；当变形量 $\varepsilon \geqslant 80\%$ 后，合金电导率略微增加，但变化的幅度较小；而合金过时效状态进行冷轧时，电导率随着变形程度增加而一直降低。

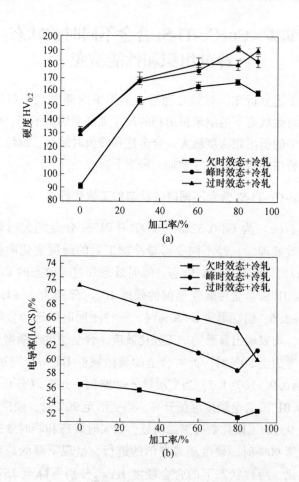

图 6-4　不同时效态 Cu-0.32Cr-0.059Ti-0.017Si 合金经不同加工率冷轧后的性能

(a) 显微硬度；(b) 电导率

6.2.2 Cu-Cr-Ti-Si 合金不同时效状态冷轧后组织演变

图 6-5 为 Cu-0.32Cr-0.059Ti-0.017Si 合金在不同时效状态下经不同加工量冷轧变形后的金相显微组织图，图 6-5（a）~（d）分别为欠时效态 Cu-0.32Cr-0.059Ti-0.017Si 经 30%、60%、80% 和 90% 变形量冷轧变形后的显微组织。从图中可以看到，欠时效态合金经冷轧变形，随着变形程度增加，合金的晶粒逐渐细化，大尺寸晶粒的数量逐渐减少，合金组织沿着轧制方向被逐渐拉长至纤维状，晶粒严重破碎，晶界数量增加，当变形量达到 90% 后，难以看到完整的晶粒，晶界近乎消失。观察图 6-5（e）~（l），与欠时效态合金组织形貌演变相同，峰时效态和过时效态的 Cu-0.32Cr-0.059Ti-0.017Si 合金均随着冷轧变形的进行，组织被拉长成不连续的条带状，直至呈现纤维状，此时组织中无明显的晶界，且均未发现再结晶组织。

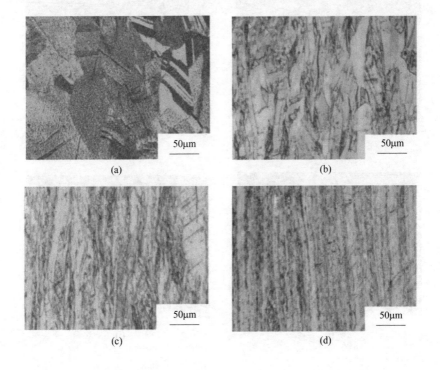

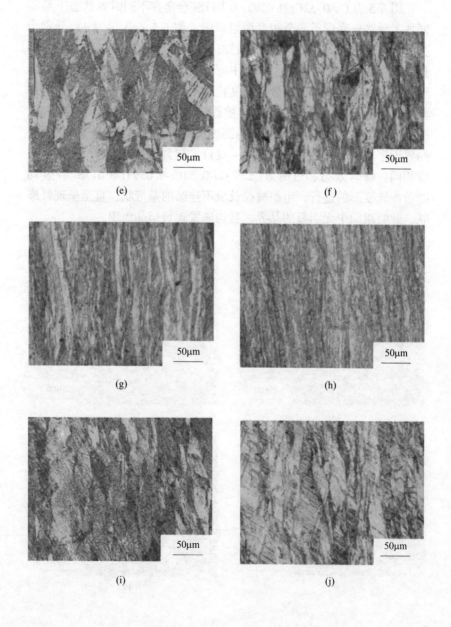

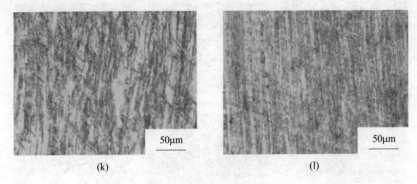

图 6-5 欠时效、峰时效和过时效 Cu-0. 32Cr-0. 059Ti-0. 017Si
合金不同变形量冷轧后金相组织

（a）~（d）分别为欠时效态合金不同变形量冷轧（30%、60%、80%、90%）；
（e）~（h）分别为峰时效态合金不同变形量冷轧（30%、60%、80%、90%）；
（i）~（l）分别为过时效态合金不同变形量冷轧（30%、60%、80%、90%）

　　图 6-6 为不同时效状态 Cu-0. 32Cr-0. 059Ti-0. 017Si 合金变形前以
及经不同变形量冷轧后的晶界组织图。图 6-6（a）~（e）为合金在
欠时效态下变形前后的晶界组织图。由图 6-6（a）可知，变形前，
合金晶粒较为细小，组织内部主要分布着大角度晶界，小角度晶界数
量极少。这是因为合金进行热轧加工时，在晶粒内部存在许多具有小
角度晶界的亚晶粒，由于这些亚晶界的可动性较高，而在随后的固
溶，时效热处理过程中，易发生长大，导致与周围亚晶的取向差进一
步增大，同时在外加应力和热激活的作用下，取向差较大的亚晶进一
步长大，最终形成取向差更大的大角度晶界，发生动态再结晶；合金
经 30%~80% 的塑性变形后，组织内部的晶界类型以小角度晶界为
主，如图 6-6（b）~（d）所示；继续变形至 90%，相对于变形
80%，合金组织中的大角度晶界数量略有增加，但小角度晶界依旧占
据较大比例，如图 6-6（e）所示。
　　峰时效态的 Cu-0. 32Cr-0. 059Ti-0. 017Si 合金在冷轧变形中的大小角
度晶界数量变化趋势和欠时效状态合金的相同。变形程度较小时，大角
度晶界数量较少，合金中主要是小角度晶界，但当冷轧变形量达到 90%
后，单位面积内的大角度晶界占比增加，如图 6-6（f）~（j）所示。

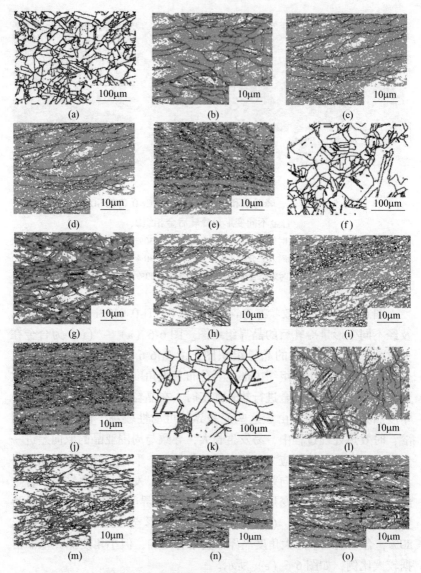

图 6-6　欠时效态、峰时效态和过时效态 Cu-0. 32Cr-0. 059Ti-0. 017Si
合金不同变形量冷轧后晶界图

(a) ~ (e) 分别为欠时效态合金不同变形量冷轧（0%、30%、60%、80%、90%）；
(f) ~ (j) 分别为峰时效态合金不同变形量冷轧（0%、30%、60%、80%、90%）；
(k) ~ (o) 分别为过时效态合金不同变形量冷轧（0%、30%、60%、80%、90%）

　　观察图 6-6（h）～（l），过时效状态 Cu-0.32Cr-0.059Ti-0.017Si 合金发生塑性变形时，大小角度晶界数量变化不同于欠时效态和峰时效态，随着变形量增加，过时效态合金单位面积内的小角度晶界一直增加，相对的大角度晶界的占比下降。

　　同时对比图 6-6（a）、（f）和（k）可知，变形前，欠时效态的 Cu-0.32Cr-0.059Ti-0.017Si 合金晶粒最细小，晶界总量最多，过时效状态合金晶粒较粗大，单位面积内晶界数量相对较少。

　　图 6-7 更直观地显示了不同时效状态合金经不同变形量冷轧后晶界取向差变化。由图 6-7（a）可见，变形前欠时效态的 Cu-0.32Cr-0.059Ti-0.017Si 合金组织中的小角度晶界比例仅占 12%；经 30% 变形量冷轧后，小角度晶界比例迅速增加至 80%；增加变形量至 60%，小角度晶界比例增加至 83%，相对的此时大角度晶界比例占据 17%；当冷轧变形量为 80% 时，合金组织中的小角度晶界比例开始下降，下降至 70%，大角度晶界比例相对于 80% 变形时略有增加，增加了 13%；当变形至 90% 后，小角度晶界比例持续下降至 68%，大角度晶界比例增加。峰时效态的 Cu-0.32Cr-0.059Ti-0.017Si 合金小角度晶界比例也是先增加后下降，当变形量至 60% 时，合金的小角度晶界比例达到最大值（为 78%）；经 90% 变形后，小角度晶界比例下降至 70%，相对变形 60%，小角度晶界比例下降了 8%，相对大角度晶界比例增加 8%，如图 6-7（b）所示。由图 6-7（c）可见，过时效态的 Cu-0.32Cr-0.059Ti-0.017Si 合金经 30%～90% 变形量冷轧塑性变形

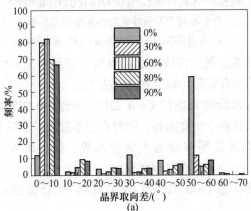

(a)

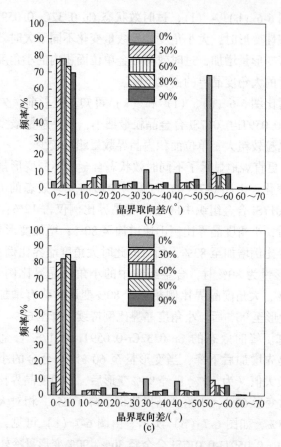

图 6-7   不同时效态 Cu-0. 32Cr-0. 059Ti-0. 017Si
合金不同变形量冷轧后晶界取向差分布
（a）欠时效态；（c）峰时效态；（c）过时效态

后，小角度晶界比例先持续增加；当增加变形量至 60% 后，小角度晶界比例几乎没有变化，稳定在 80% 左右。

欠时效态和峰时效态的 Cu-0. 32Cr-0. 059Ti-0. 017Si 合金在变形后期，既生成新的小角度晶界，同时在变形程度较小时合金组织中产生的小角度晶界逐渐演变为大角度晶界，而过时效态 Cu-0. 32Cr-0. 059Ti-0. 017Si 合金没有发现此现象。

不同时效状态 Cu-0. 32Cr-0. 059Ti-0. 017Si 合金经不同变形量冷

轧后微观组织演变如图 6-8 所示。图 6-8（a）为 Cu-0.32Cr-0.059Ti-0.017Si 合金试样在 450℃、时效 1h 后的 TEM 照片，可以看到固溶、时效处理后的合金组织中仍能观察到少量的位错，这些位错沿着晶界分布，这些位错是在时效处理前，合金进行热轧加工时在组织内部产生的；合金经 60% 冷轧变形后（见图 6-8（b）），可见变形后的合金组织内部产生较多的位错，部分位错线缠结在一起；随着变形程度的进一步增加，合金组织中位错也同时增多，如图 6-8（c）所示；图 6-8（d）为合金 90% 变形后的显微组织图，由图可见，合金经 90% 变形量冷轧变形后，组织内部部分区域的位错密度较高，同时合金组织中出现椭圆形的位错胞，位错胞边界的位错密度较高，位错之间相互反应发生湮灭或逐渐迁移而重排，导致位错胞内部的位错数量减少，形成了具有稳定或亚稳状态的组织结构或亚结构。一般来说，回复的发生通常伴随着位错胞状结构和亚晶粒的形成[4]，因此欠时效态 Cu-0.32Cr-0.059Ti-0.017Si 合金在变形量达到 90% 时，发生了回复。

　　图 6-8（e）～（h）为峰时效态 Cu-0.32Cr-0.059Ti-0.017Si 合金变形前后的微观组织图片，随着变形量增加，合金组织内部缠绕着大量的位错，形成位错网，但部分区域的位错密度较低，位错缠结不明显；当变形量达到 80% 后，合金组织内部形成许多长条形的位错胞，位错线缠绕形成位错胞的边界，位错胞内同样分布着较多的位错线；当变形至 90% 后，合金组织中已观察不到明显的位错网结构，并且可观察到位错密度很低的胞状亚结构，亚晶粒内部的位错密度极低，位错聚集在胞壁处，胞壁处的位错密度较高。

　　Cu-0.32Cr-0.059Ti-0.017Si 合金在过时效状态下进行塑性变形，不同变形量冷轧后的微观组织形貌如图 6-8（i）～（l）所示。由图 6-8（i）～（k）可见，冷轧加工后的合金组织内部分布着大量的位错，位错线之间交互缠结现象明显，合金组织中位错密度很高；当变形量达到 90% 时，如图 6-8（l）所示，并未发现位错胞或亚晶粒，且可在基体中观察到较大尺寸的球状第二相，由于第二相粒子的存在，阻碍了位错运动，导致在颗粒周围存在大量位错，产生第二相强化作用，从而合金的强度得以提高。通过选区电子衍射花样标定可以

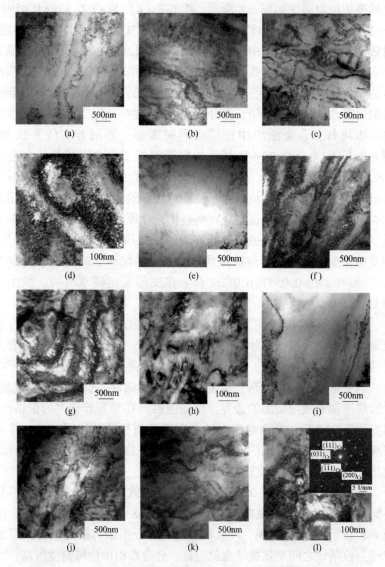

图 6-8　欠时效态、峰时效态和过时效态 Cu-0. 32Cr-0. 059Ti-0. 017Si
合金经不同变形量冷轧后 TEM 图

（a）~（d）分别为欠时效态合金不同变形量冷轧（0%、60%、80%、90%）；

（e）~（h）分别为峰时效态合金不同变形量冷轧（0%、60%、80%、90%）；

（i）~（l）分别为过时效态合金不同变形量冷轧（0%、60%、80%、90%）

确定镶嵌于基体的第二相颗粒是具有体心立方结构的 Cr 相，且与基体完全不共格。基体中的大尺寸颗粒可能是由于合金在熔炼时引入的第二相粒子，在进行固溶处理时未溶入铜基体中而形成。

透射电镜从微观的角度观察了合金在冷轧塑性变形过程中的组织演变，为了从宏观角度确定欠时效态和峰时效态 Cu-0.32Cr-0.059Ti-0.017Si 合金是否在冷轧塑性变形中发生了回复，导致位错密度降低，采用 Williamson 提出的利用 XRD 衍射图谱的方法计算位错密度。图 6-9（a）~（c）分别为欠时效态、峰时效态和过时效态 Cu-0.32Cr-0.059Ti-0.017Si 合金经不同变形量冷轧后 XRD 图谱，从衍射图谱中只能观察到具有面心立方结构的铜基体衍射峰，这是因为合金组织中的第二相体积分数太低，因而难以在 XRD 图谱中发现其衍射峰。Cu-0.32Cr-0.059Ti-0.017Si 合金在不同时效状态下经不同形变量冷轧后的位错密度见表 6-1。由表中的数据可看出，欠时效态和峰时效态 Cu-0.32Cr-0.059Ti-0.017Si 合金随着变形量增加，位错密度先增加后降低至稳定；当变形量为 90% 时，两种时效态下的合金位错密度分别由最大值 $4.7636 \times 10^{14} \mathrm{m}^{-2}$、$6.2547 \times 10^{14} \mathrm{m}^{-2}$ 下降至 $3.9842 \times 10^{14} \mathrm{m}^{-2}$、$4.8631 \times 10^{14} \mathrm{m}^{-2}$。而 Cu-0.32Cr-0.059Ti-0.017Si 合金在过时效状态下经冷轧变形时，位错密度随变形量增加而增加，变形量增加至 90% 时，合金组织中的位错密度最大，高达 $5.9411 \times 10^{14} \mathrm{m}^{-2}$。

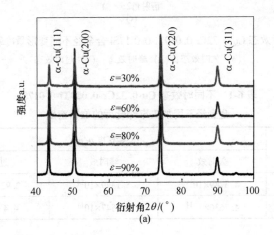

(a)

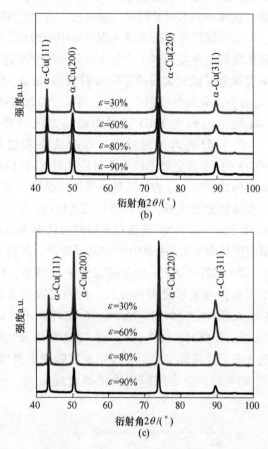

图 6-9　不同时效态 Cu-0. 32Cr-0. 059Ti-0. 0 17Si 合金经不同变形量冷轧后 XRD 图谱
(a) 欠时效态；(b) 峰时效态；(c) 过时效态

**表 6-1　不同时效态 Cu-0. 32Cr-0. 059Ti-0. 017Si
合金经不同加工率冷轧后的位错密度**

变形量 ε/%	位错密度 ρ/m^{-2}		
	欠时效	峰时效	过时效
30	4.3789×10^{14}	5.1379×10^{14}	2.9223×10^{14}
60	4.7636×10^{14}	6.2547×10^{14}	4.457×10^{14}

变形量 $\varepsilon/\%$	位错密度 ρ/m^{-2}		
	欠时效	峰时效	过时效
80	3.8218×10^{14}	5.8442×10^{14}	5.1609×10^{14}
90	3.9842×10^{14}	4.8631×10^{14}	5.9411×10^{14}

6.3 Cu-Cr-Ti-Si 合金不同时效状态加工软化行为分析

在不同时效状态下进行冷轧变形后，Cu-0.32Cr-0.059Ti-0.017Si 合金的物理力学性能存在显著差异，欠时效态和峰时效态 Cu-0.32Cr-0.059Ti-0.017Si 合金经 30%~90% 变形后，发生加工软化，即随着变形量增加，合金硬度在变形后期反而下降，与传统的加工硬化变化规律相反；而过时效态 Cu-0.32Cr-0.059Ti-0.017Si 合金在进行冷变形后，表现为明显的加工硬化行为，未出现加工软化现象。针对这一情况，采用扫描电镜和透射电镜等检测手段对 Cu-0.32Cr-0.059Ti-0.017Si 合金不同时效状态冷轧变形前后的显微组织进行了观察和分析。

观察 Cu-0.32Cr-0.059Ti-0.017Si 合金三种时效状态下的微观组织发现，时效时间对合金冷轧前后的显微组织有显著影响。时效 1h 时，由于时间较短，合金组织内部的析出相数量较少；随着时效时间的延长，6h 时，此时合金处于峰时效态，大量细小的 bcc-Cr 相分布在基体中；继续时效至 12h，析出相部分回溶至铜基体，并且此时析出相明显长大粗化。合金晶粒形核长大过程中伴随着晶界的迁移。时效过程中晶粒长大并不明显，正是由于这些析出相的存在对晶界和位错的运动起到很好的钉扎作用[5,6]，从而限制了时效过程中晶粒长大，因而峰时效态 Cu-0.32Cr-0.059Ti-0.017Si 合金组织中析出相的密度最大，生成的细小的析出相能够通过钉扎作用，减缓晶界的迁移速率，从而阻碍晶粒长大，相对于欠时效态合金，峰时效态合金晶粒长大不明显；而随着时效的进行，析出相回溶至铜基体，导致析出相数量减少，并且此时析出相发生粗化，对合金晶界迁移的阻碍作用减弱，最终导致析出强化作用减弱，因而相较于峰时效态和欠时效态合金，Cu-0.32Cr-0.059Ti-0.017Si 合金在过时效状态下的晶粒尺寸更加粗大。

　　观察合金金相组织发现，在相同程度的冷轧加工后，欠时效态、峰时效态及过时效态 Cu-0.32Cr-0.059Ti-0.017Si 合金的金相组织无明显差异，均随着变形量增加，晶粒被拉长至破碎，晶粒细化。为了进一步分析造成合金在大变形量下，显微硬度变化差别的原因，使用配备电子背散射衍射系统的扫描电镜以及透射电镜检测手段分析对合金组织进行分析。发现在较小变形量下，欠时效态和峰时效态的 Cu-0.32Cr-0.059Ti-0.017Si 合金的大角度晶界比例随着变形量的增加而减小，小角度晶界比例则随着变形量增加而增加；当变形至 80%，相较于 60% 变形，欠时效态和峰时效态合金组织内部的大角度晶界比例增加，存在小角度晶界向大角度晶界转变的现象，同时合金组织中的位错缠绕形成许多位错胞，峰时效态的 Cu-0.32Cr-0.059Ti-0.017Si 合金甚至在变形量为 90% 时，形成了亚晶粒。从以上分析中可知，在进行冷轧塑性变形过程中，欠时效态和峰时效态 Cu-0.32Cr-0.059Ti-0.017Si 合金随变形量增大，亚晶界及小角晶界比例不断增加，在塑性变形过程中，由位错网络形成的亚晶界能够不断吸收晶粒内部产生的位错，导致亚晶界处的位错密度不断增加，取向差不断增大，因而亚晶内部的位错数量下降，位错密度降低；与此同时，由于亚晶界的滑移、迁移以及亚晶发生转动，导致部分亚晶界演变为小角度晶界，并随着变形程度的进一步增加转变为大角度晶界，即这两种时效状态的 Cu-0.32Cr-0.059Ti-0.017Si 合金在塑性变形过程中发生了回复。而过时效态的 Cu-0.32Cr-0.059Ti-0.017Si 合金随着变形的进行，小角度晶界比例持续增加，位错密度不断增大，位错缠结严重，未发生回复。

　　由第 5 章的分析知，合金晶粒越细小，晶界数量更多，晶界面积越大，可为合金发生回复和再结晶提供更多的形核位置和储存能。因此，晶粒尺寸较小的欠时效态和峰时效态的 Cu-0.32Cr-0.059Ti-0.017Si 合金在大变形量下冷轧时发生了回复，导致位错等晶体缺陷密度降低所引起的软化效应远大于形变产生的加工硬化效应，在变形量大于80%后，合金显微硬度呈现降低的特征，而晶粒较粗大的过时效态 Cu-0.32Cr-0.059Ti-0.017Si 合金在冷轧变形中未发生回复，呈现加工硬化特征。

参 考 文 献

[1] 黄继武，尹志民，李杰，等. 均匀化处理对7055合金硬度和电导率的影响 [J]. 稀有金属，2004，28（1）：175-178.

[2] 张建平. 时效处理对6063铝合金力学性能及电导率的影响 [J]. 特种铸造及有色合金，2013，33（3）：280-281.

[3] Chbihi A, Sauvage X, Blavette D. Atomic scale investigation of Cr precipitation in copper [J]. Acta Materialia, 2012, 60 (11): 4575-4585.

[4] Pham M S, Holdsworth S R, Janssens K G F, et al. Cyclic deformation response of AISI 316L at room temperature: Mechanicalbehaviour, microstructural evolution, physically-based evolutionary constitutive modelling [J]. International Journal of Plasticity, 2013, 47 (8): 143-164.

[5] 苑少强，杨善武，聂文金，等. Fe-Ni-Nb-Ti-C合金变形后等温弛豫过程中位错与析出的相互作用 [J]. 金属学报，2004，40（8）：887-890.

[6] Batra I S, Dey G K, Kulkarni U D, et al. Precipitation in a Cu-Cr-Zr alloy [J]. Materials Science & Engineering A, 2003, 356 (1): 32-36.